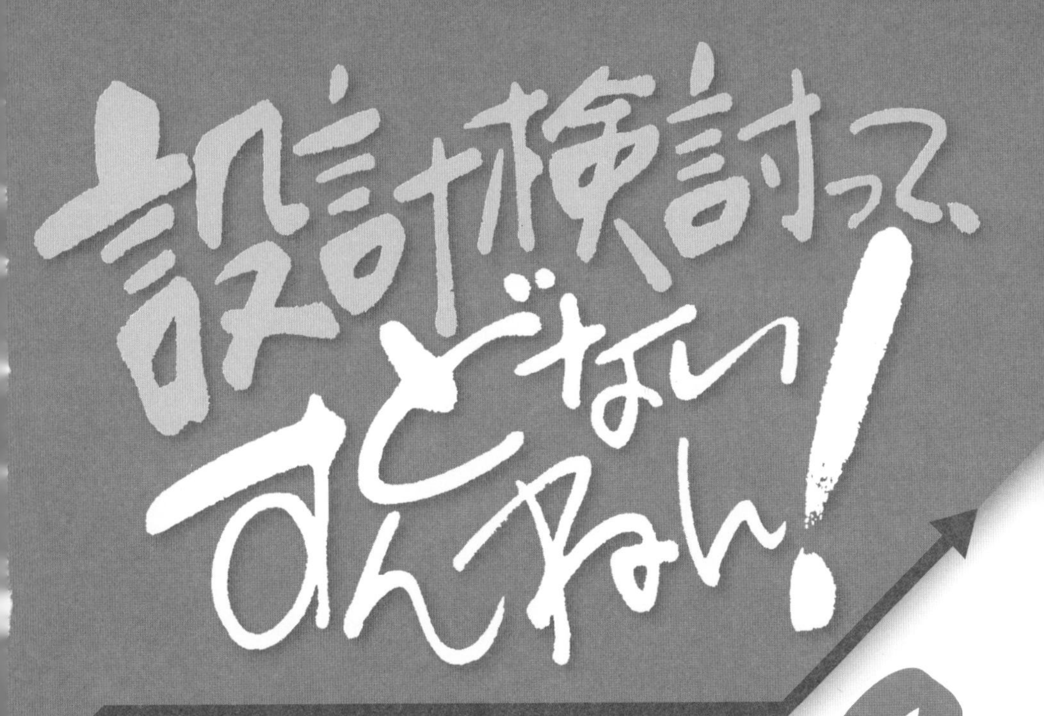

STEP 2

設計環境の
変化に合わせて
最新の手法を
活用した
仮説検証型設計

わかりやすく
やさしく
やくにたつ

山田　学・岡田　浩 監著
Yamada Manabu　Okada Hiroshi

横田川 昌浩・藤田政利
Yokotagawa Masahiro　Fujita Masatoshi
山岸裕幸・宮本健二 著
Yamagishi Hiroyuki　Miyamoto Kenji

日刊工業新聞社

はじめに

私たち設計者は、製品創出のため、下記のことなどを意識しなければなりません。

- 企画：顧客の要求の中から、潜在的に潜む要望を察知し、それに応えるための製品をいつまでにつくるかを考える。
- 概要設計：企画を実現するために、製品に搭載すべき機能を考える。
- 詳細設計：概要設計で構想した製品を具現化（図面、および昨今は３次元CAD（Computer Aided Design）等を用いたモデル化）した上で、顧客が求める製品機能を満たしながら、制約条件（品質：Qualityおよび使いやすさ：Easy of use、コスト：Cost、納期：Delivery、耐環境性：Environment、安全性：Safety）の両立を検討する。
- 製造：詳細設計した製品について、最適な「モノづくり」の方法を選定し、詳細設計で考えた機能と制約条件を守り、かつ、製造時の効率化（自動化・省スペース）、省材料・エネルギー、製造者・搬送業者等の安全性を意識する。
- 品質評価：製造した製品の機能や製造時の不具合状況を確認する。
- 販売後のフォロー：製品売り上げ確認、客先クレーム（製品不具合対応）。

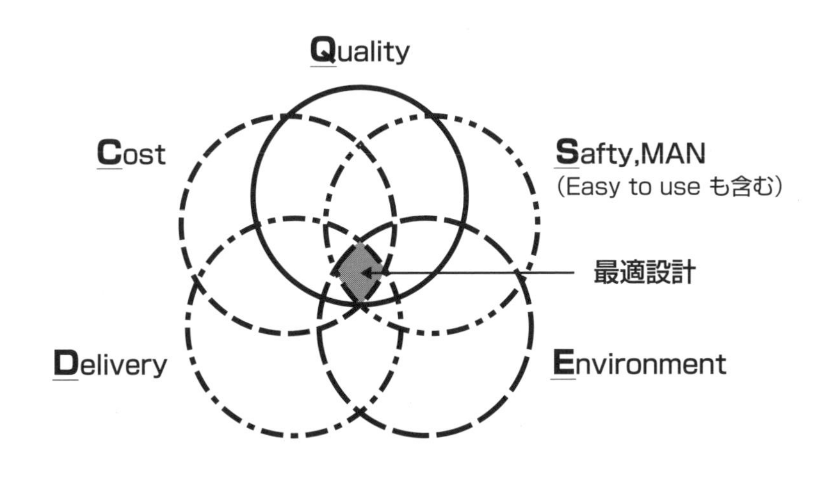

QCD-ESMを満足した最適設計

現在は、情報通信技術：ICT（Information and Communication Technology）や「モノ」のインターネット：IoT（Internet of Things）の導入に伴い、製品の設計から品質評価に至る手法も進化してきました。

・設計手法：前述の３次元CADや工学計算用CAE（Computer Aided Engineering）、昨今は人工知能：AI（Artificial Intelligence）、IoT。
・製造手法：CAM：Computer Aided Manufacturing。３次元プリンタ、バーチャルリアリティなどを用いた製造ライン設計。
・品質評価手法：従来の走査型電子顕微鏡：SEM（Search Engine Marketing）、超音波探傷検査（UT：Ultrasonic Testing）などはもとより、昨今は３次元スキャナなど。

そのため、製品の企画の段階で、製品企画者（プロジェクトリーダー）・設計者・製造担当者・品質評価者・営業担当者が議論を行いながら、QCD-ESMを考える「フロントローディング開発」が浸透してきています。

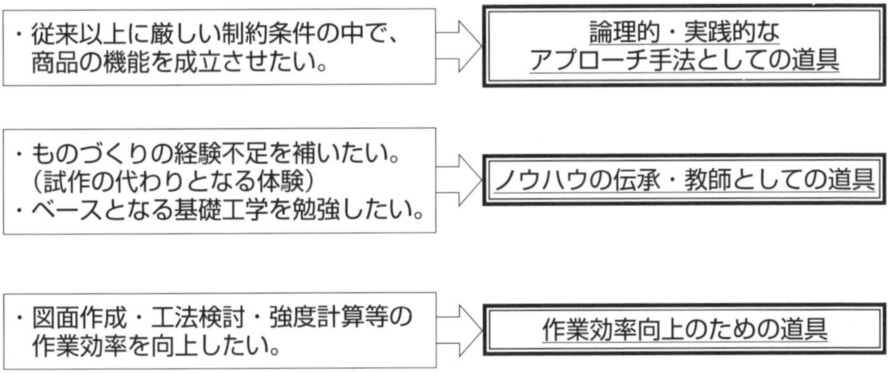

・従来以上に厳しい制約条件の中で、 商品の機能を成立させたい。	⇒	論理的・実践的な アプローチ手法としての道具
・ものづくりの経験不足を補いたい。 （試作の代わりとなる体験） ・ベースとなる基礎工学を勉強したい。	⇒	ノウハウの伝承・教師としての道具
・図面作成・工法検討・強度計算等の 作業効率を向上したい。	⇒	作業効率向上のための道具

設計者がさまざまな最新手法･管理ツールに期待すること

「フロントローディング開発」を実践していくためには、私たち設計者は、機能と制約条件を両立するための「仮説・検証能力」とその土台となる「工学知識」を習得しておく必要があります。まさか、あなた自身が行った設計が最適だという理由を「AIがそのような結果を出したから」や「CAEがそのような答えを出したから」とはいえませんよね？あくまで、なぜ、その設計が最適かを説明するのは、「設計者自身」なのですから。いかに、設計の途中で、さまざまな手法・管理ツールを用いたとしても、製品が正常に稼働する理由は、「設計者自身」が理解し、説明できなければならないのです。

私たち筆者は、「設計を行うために生み出されてきた数々の手法や管理ツール」は、上図の役割を担っていると思っています。

「設計を行うために生み出されてきた手法や管理ツール」は、あたかも、「作業効率向上のための道具」と見られがちですが、本質は、「論理的・実践的なアプローチ手法としての道具」であり、それを支える「ノウハウをつくり、技術・技能を伝承していくための道具」でなければなりません。

一方、日本企業のグローバル化は今までより加速してきました。多くの企業はかなりの部分、売り上げや収益を海外に依存しています。また、日本企業の工場の海外進出も進んでいます。外国の方々と、文化の違いを超えてコミュニケーションをとり、Win－Winの関係で製品開発を行わなければなりません。

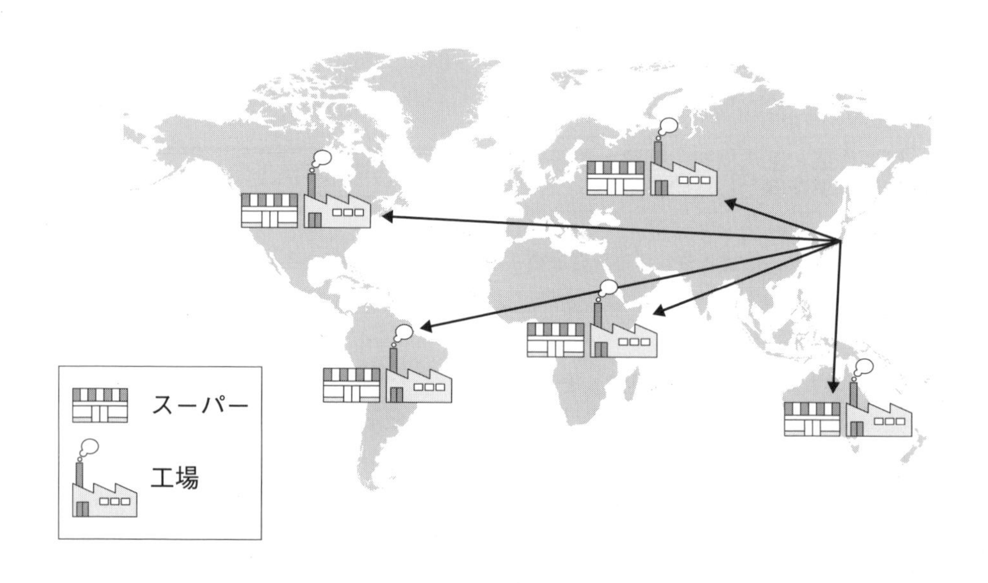

進むグローバル化

そこで今回、「グローバルの視点に立った"仮説検証型の設計の『在り方』"」とは何かを整理し、世界の方々と連携しながら、各開発工程で、最新の「開発手法・管理ツール」をどのように活用すれば、「フロントローディング開発」を実現し、品質と使いやすさ（Quality)、コスト（Cost)、納期（Delivery)、環境（Environment)、安全性（Safety）を確保できるかを言及する書籍を作成することとしました。

本著がみなさまの設計検討のお役に立つことができれば幸いです。

2020年1日　本著の執筆にあたって

執筆者一同

目次 CONTENTS

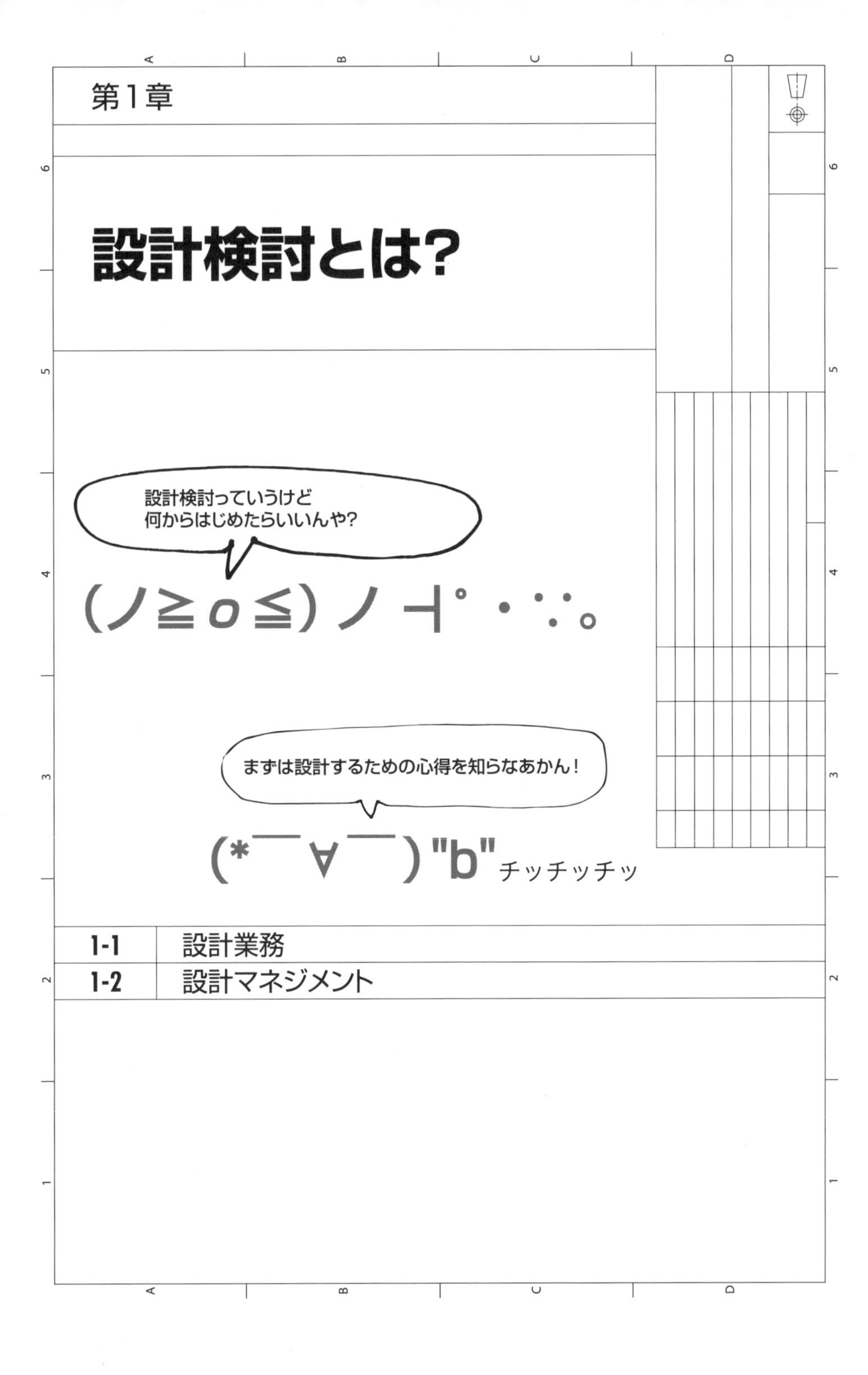
第1章
設計検討とは?
設計検討っていうけど
何からはじめたらいいんや?
(ノ≧ｏ≦)ノ ┫ﾟ・∵。
まずは設計するための心得を知らなあかん!
(*￣∀￣)"b"チッチッチッ
1-1 設計業務
1-2 設計マネジメント

第1章　1　設計業務

1-1-1　設計検討する上で

設計検討する上では、**仕様を満たし、品質を確保し、コストを低減し、さらに短納期化する**ことを常に意識することが大切です。

仕様を満たすとは、機械の構造や製品の機能や性能はもちろん、価格やサイズ、操作性なども満足する必要があります。品質を確保するとは、機械のばらつきを一定のレベルに収めることといえます。コストを低減するとは、材料費はもちろん、加工費、組立費、検査費など、製品原価を抑えることで、利益を確保することにつながります。短納期化するとは、決められた開発期間内で製品を開発し、さらに開発期間の短縮を実現することにより、タイムリーに新製品を市場投入することが可能になります。

これらを実現するために、機械設計者には以下のさまざまな知識が必要になります。

表1-1-1　機械設計者に必要な知識

機械要素	「締結、伝達、密封、緩衝、案内(ガイドなど)、エネルギー変換、制御などに関わる機械を構成する機能部品」 ねじ、ボルト、ナット、歯車、プーリー、ベルト、軸、軸継手、軸受、ばね、管、管継手、カム、リンク機構、キー、ピン、シールなど
設計計算	部品の強度、ねじ強度、キー強度、歯車強度、タイミングベルト選定、軸受寿命、カム機構設計、リンク機構強度、軸応力、軸動力、軸継手強度、慣性モーメント、圧縮・引張・板・鶴巻ばね設計など
製図	部品図、組立図、寸法、公差、はめあい、幾何公差、加工記号、溶接記号など
評価試験	評価方法(JIS:強度試験(引張試験など)、硬度試験、落下試験など)、測定器(ゲージ、レーザ測定、圧力計、流量計、ロードセル、データロガー、オシロスコープ、加速度計、FFTアナライザ、オートコリメータなど)、データ処理・統計など
材料	鉄系金属、非鉄金属、樹脂、ゴム、複合材料
表面処理	めっき、溶射、コーティング、化成処理(黒染め、クロメート処理など)、塗装、陽極酸化処理(アルマイト)など
熱処理	焼入れ、焼もどし、焼なまし、焼ならし、サブゼロ処理、固溶化処理、浸炭処理、窒化処理、高周波焼入れなど
解析	応力解析、振動解析、熱伝導解析、流体解析、電磁場解析、機構解析など

加工	切削、旋削、研削、研磨、プレス、鍛造、転造、鋳造、ダイカスト、成型、ロストワックス、焼結、溶接など
組立	組立手順、調整方法、使用工具、組立冶具など
検査	検査箇所、測定方法、合格基準など
メンテナンス	保守部品、交換手順、交換時期など
アクチュエーター	ACモータ、DCモータ、ステッピングモータ、リニアモータ、空圧シリンダ、油圧シリンダ、ソレノイド、超音波モータなど
センサ	リミットスイッチ、加速度、光電、レーザ、ファイバ、近接（高周波発振、磁気、静電容量）、超音波、圧電、ホール素子など
規格	国際規格（ISO、IEC）、地域規格（EN、CEN）、団体規格（JEC、ASTM、IEEE、MIL）、国家規格（JIS、PSE、DIN、BS、NF、ANSI、CAN、GB、AS）など
法令、規則	機械安全、化学物質管理（RoHS指令、REACH規則）、輸出管理、労働安全衛生、製造物責任（PL）、特許など
その他	デザイン、技術者倫理、人間工学など

これらのキーワードは機械設計をする上で基本的なものといえるので、それぞれについてすぐにイメージできなければ、まだまだ勉強・経験不足といえます。聞いたことはあるが何のことかわからない、または聞いたこともないキーワードがある場合には、内容を調べて知識とし、内容によっては実際に経験・体験し確認することをお勧めします。

1-1-2　設計検討する上で

それでは、実際に設計をどのように進めていくのでしょうか？一般的に下記のような流れで設計を進めます。必要な箇所は、関連部署の協力を得て検討することになります。

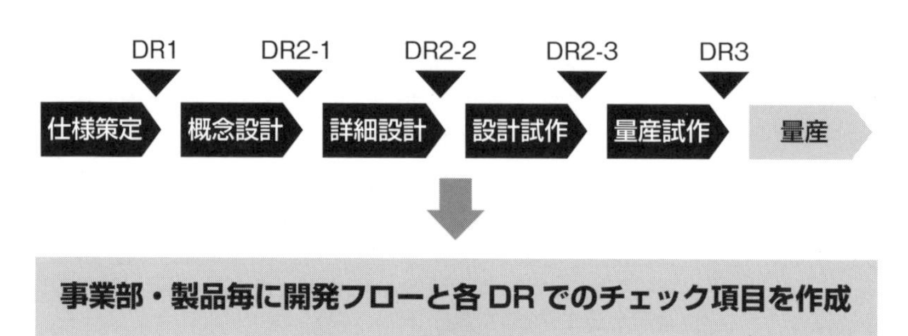

新たなツール・手法の紐づけ
3次元CAD/CAE/CAM　AI・IoT技術
3Dプリンタ等の生産技術、計測技術向上
チェック項目・品質評価指標（QMS）の見直し

新しい開発プロセスを構築

図1-1-1　基本的な設計の流れ

(1) 仕様策定

コスト、品質を確保し、開発期間内で実現可能な範囲内で仕様を策定することは、設計者でなければできない重要な作業です。まずはコンセプトを考え、競合調査を行い、仕様を策定し、それを実現するための人員配置、期間、予算、工数を検討します。

(1-1) コンセプトを考える

製品企画に対して、設計を開始するにあたり、まずは使用目的を考え、コンセプトを決めることが大切です。どのような製品、技術をめざすのか？何を優先するの

■D(￣ー￣*)コーヒーブレイク

デザインレビュー（DR：Design Review）

デザインレビュー（以後DR）とは、各設計段階で行なわれた業務が開発目的に適合していることを確認、承認し、次の段階に移行可能かを審査します。営業、設計、生産技術、品質保証、購買、製造など、それぞれの設計段階で関係する部署が参画して行われます。

機能、性能、安全性、信頼性、操作性、デザイン、生産性、メンテナンス性、分解性、コスト、法令・規制、納期など、妥当性の確認ならびに問題点の摘出を行います。

DRを実施することで、設計部門担当者の思い込みなどによる見落としがないように、他部署による異なった視点でそれぞれの立場からのチェックが可能になります。

設計者はDR開催に向け、必要な資料を準備し、関係する他部門の責任者に声を掛けます。資料は事前に配布し、各部署でDR前にチェックしてもらうようにします。

DRの結果は記録するだけでなく、問題点に対する処置とその結論も必ず記載するようにします。

か？をはっきりさせます。そうすることで中途半端に妥協して結果的に競争力のない製品になってしまうのを防ぎます。

機械製品の「コンセプト」としては、精度、サイズ、重さ、価格、高速、静音、寿命、操作性、メンテナンス、デザインなどが考えられます。これらの特徴に優先順位をつけて5つ程度挙げます。このコンセプトを念頭において、ブレがないように検討を進めます。ユーザーニーズ、市場性を考慮して、客先が求めていて需要があるものや他社になく競争力があるものを意識します。

このコンセプトが独自であれば独自な製品になり、市場の需要に対して的を射たものであれば、付加価値が高い売れる製品になる可能性が高まります。

コンセプトを考え、それを満たすようにあきらめずに働きかけることは、設計検討する上で非常に重要です。

(1-2) 競合調査

①ベンチマーキング

競合調査を行う手法として、ベンチマーキングが行われます。ベンチマーキングとは、競合他社や、他業種で検討中の新製品や新しい技術に対し参考になると考えられる優れた製品を調査し、そのよいところを取り込むことをいいます。先行している企業のよいところを真似することで、ライバルの優位性をなくしたり、ノウハウ習得までの時間を節約することができます。

競合他社のカタログ（データシート）と検討中の新製品の仕様書を準備し、下記の内容を一覧表にまとめ比較します。

・比較要素：価格（市場性)、仕様・性能（サイズ、重量、力、速度、音、振動、効率など)、特徴（優れている点)、弱点、機能（可能なこと、オプションなど)、耐久性（時間、回数、距離など）など

②リバースエンジニアリング

リバースエンジニアリングとは、ベンチマーキングを行うために必要で、競合製品を分解し、どのような部品を使い、どのような構造をしているのかを詳細に調査することです。

・新製品開発のためのアイデアを得る。
・技術トレンドを調べ、性能改善やコストダウンのヒントを得る。
・特許侵害や真似されている技術を見つける。

(1-3) 開発する製品の仕様を策定する

性能を意識した設計を行う上では、まずは開発する製品の仕様を考える必要があります。そのためには、設計対象の製品と競合する、または競合するであろう既存の製品を知ることから始まります。そして、それを知った上で、差別化を図ったり、特許性のある独自技術により、優位に立つことが非常に重要になります。
決定する仕様としては、動作範囲、速度、加速度、力、精度、サイズ、重量など、構想設計を行う上で必要だと思われる項目を洗い出し、それぞれの目標値を決めます。

開発する製品の仕様は、ある程度技術的な裏付けがある実現可能なものにする必要はありますが、新規性や競争力を確保するためにチャレンジする要素も含めることが大切といえます。

(2) 概念設計

開発する製品の仕様を決めた後は、その仕様を満たす製品の構想設計を行います。仕様を満足するための構造を以下で解説するマスカスタマイゼーションやフロントローディング開発により検討します。製品サイズはもちろん、仕様を満足するような動作ができ、性能を十分に発揮できるようにします。また、製品が実際に動作し

たときや使用条件下で問題ないことを事前に確認するため、モデルベース開発（3章3節）や解析・シミュレーション（3章1節）を活用します。この検討を行うことで、試作機の完成度が飛躍的に上がり、不具合減少、開発期間短縮につながります。

さらに、加工、組立、検査などの生産に関わる内容や、メンテナンス性などの販売後についても問題ないことを確認します。

(2-1) マスカスタマイゼーション

マスカスタマイゼーションとは、大量生産による低コスト、単納期を実現する考え方と、個別最適化による顧客満足度を向上させる考え方を両立させる取り組みです。本書内でも解説するビッグデータを活用するIoTやコンピュータが学習して賢くなる人工知能：AI（5章5節）を活用した技術といえます。そのため、高付加価値の製品を低コスト、短納期で開発し、競争力、収益力が高まります。下記2つの技術の進化により、実現可能になってきています。

①ジェネレーティブ・デザイン（GD：Generative Design）

コンピュータにより、蓄積したデータを比較して、所定の条件に合う複数の設計案を高速に生成するものです。強度・振動解析（線形・非線形）、熱、流体解析（定常、非定常）、製造性、加工性を考慮し、形状を最適化します。

これに対し、トポロジー最適化は、FEA（有限要素法）を用いて、与えられた条件に対し、目的とした解を求めるものです。

②アディティブ・マニュファクチュアリング（AM：Additive Manufacturing）

3次元形状のCADデータをもとに、断面形状の積み重ねにより立体モデルを造形するものです。装置は3Dプリンタ（3章4節）と呼ばれ、材料の光硬化性樹脂、熱可塑性樹脂、樹脂粉末、粉末金属などを、レーザ光、電子ビーム、インクジェット、溶融押出を利用して製作します。この技術の進化により、複雑な形状の部品製造が可能になり、製作可能な形状の自由度が高まりました。材料の選択肢も増え、単納期、低価格化も進んでいます。

個別最適化については、ある程度の制約の中で、顧客が選択できるようにする工夫も必要です。

(2-2) フロントローディング開発

フロントローディング開発とは、開発の初期段階（Front）において、その後の製造段階で生じる問題点を把握し、事前に設計に作り込んでおくこと（Loading）で、品質向上と開発期間短縮を図る手法です。

フロントローディング開発は、「事前に課題を抽出」し、「事前に課題を解決」します。そのための手法として、下記3つの方法があり、それぞれの特徴を理解して使い分けを行うことが重要になります。

表1-1-1　機械設計者に必要な知識

手法	内容
＜新規製品を開発する場合＞ **FMEA** （Failure Mode & Effects Analysis）	各部品の機能ごとに、故障モード、原因、影響を考え、評価、対策を具体的に行う
＜市場で問題が発生した場合＞ **FTA** （Fault Tree Analysis）	発生した不具合に対し、その要因を多数考え、要因同士を論理記号で結合した信頼度解析を行い対策する
＜実績がある既存製品を変更する場合＞ **DRBFM** （Design Review Based on Failure Mode）	変更点、変化点に着目し、故障モードを抽出する

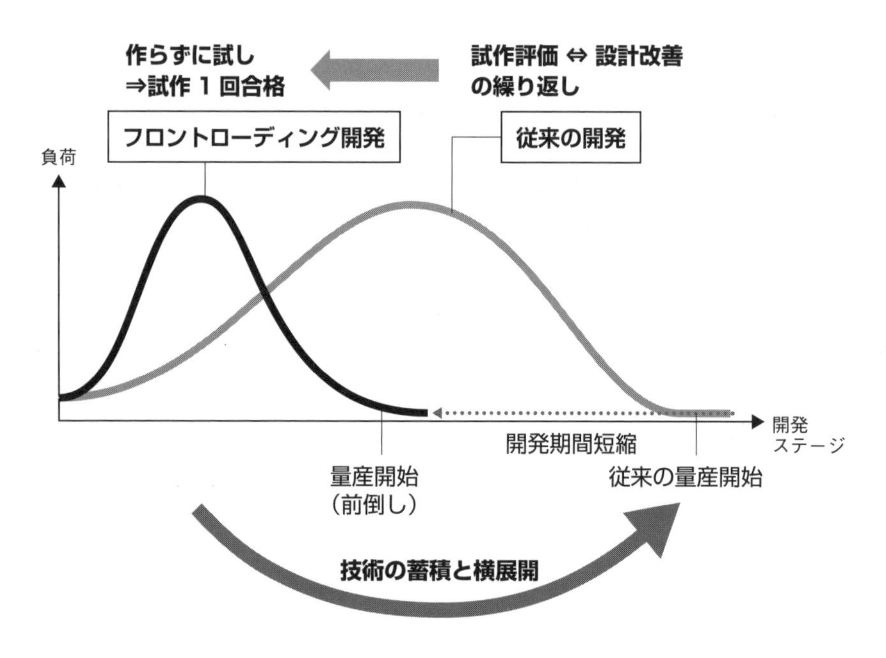

図1-1-2　開発部門のフロントローディング

■D(￣ー￣*)コーヒーブレイク

DRBFM

Design Review Based on Failure Modeの略で、トヨタ自動車によって確立された体系的なFMEAの運用方法の1つです。

開発中の設計内容について、実績のある設計内容との「変更点」、「変化点」、「新規点」にポイントを絞り、故障モードの影響を調べます。「なぜ、そのような設計をしたのか」について分析、検討を行います。

<効果>

・懸念点の抽出漏れを防止

・技術的にあいまいな部分を顕在化

・後工程が設計思想を理解し、評価及び管理のポイントを抽出

(3) 詳細設計

構想設計をもとに計算、解析での確認を行いながら、部品一点一点の形状、配置を決め、組立図、部品図を完成させます。組立・加工性はもちろん、信頼性、安全性、環境性なども考慮します。メンテナンス性や組立の自動化（5章2節）も設計段階から事前に考慮して検討しておくことは非常に重要です。部内レビューを行い、部品図を出図します。

(4) 設計試作

計算や解析により事前にできる限りの確認を行いますが、実際に試作を行い実機で確認する必要があります。また、どのような評価項目についてどのように評価するかを決めるのも、設計者の重要な業務といえます。

・仕様を満足するために、確認しておくべきことは何か？

・目標値に対してどれくらいの余裕を持たせるか？

・信頼性が高い測定をどのように行うか？

・耐久性、耐環境性（温度、湿度、防水、防塵など）をどのように確認するか？

・搬送時などの振動には十分耐えられるか？（振動・落下試験）

・実際の客先での使用条件でも、問題なく動作可能か？

など、量産後に市場で問題が発生しないように、評価項目を考え確実に確認、評価しておく必要があります。

試作時には3Dプリンタや、ロストワックスなどの比較的安価で短時間で製作可能な部品製造方法などを検討します。

測定器も日々進化しているため、適切な測定器で正しい測定方法により評価します。環境性、劣化による影響、耐久性なども考慮する必要があります。

(5) 量産試作

量産に適した製造方法として、鉄系材料であれば鋳物や粉末冶金、樹脂であれば射出成型、アルミであればアルミダイカストなどを検討し、原価低減を実現するようにします。また、安価な購入品への置き換えなども検討します。

製品の発売に向け、量産化する上で必要な資料を全て揃える必要があります。図面や部品リストはもちろん、生産する上で必要な組立、検査、出荷などに関する資料や、取扱い、メンテナンスなどの販売後の客先で必要になる資料を準備します。安全規格、化学物質管理などの法規対応の確認も欠かさずに行います。これらは全て設計者の指示により展開されるので、間違いや誤解がない資料の作成を心掛けることが大切です。

(6) 量産フォロー

生産現場で発生した不具合には、真摯に対応するようにします。まずは原因を特定するため、現場作業者にヒアリングを行い、実際に不具合を起こした製品を確認します。その上で、暫定対策、恒久対策を考え、現場担当者に説明します。対策に際して変更が必要な資料は、全て確実に変更します。

(7) 製品フォロー

市場からのクレームに対しては、最優先で対応します。まずは原因を特定するため、客先での使用状況、発生状況を確認し、実際に不具合を起こした製品を確認します。その上で、暫定対策、恒久対策を考え、客先に納得していただくように報告を行います。設計者が直接客先に対応するのではなく、営業や品質保証部門と協力して行います。対策に際して変更が必要な資料は、全て確実に変更します。

また、製品の販売状況や、製品に対する客先の要望にも関心を持ち、今後の製品設計につなげるようにします。

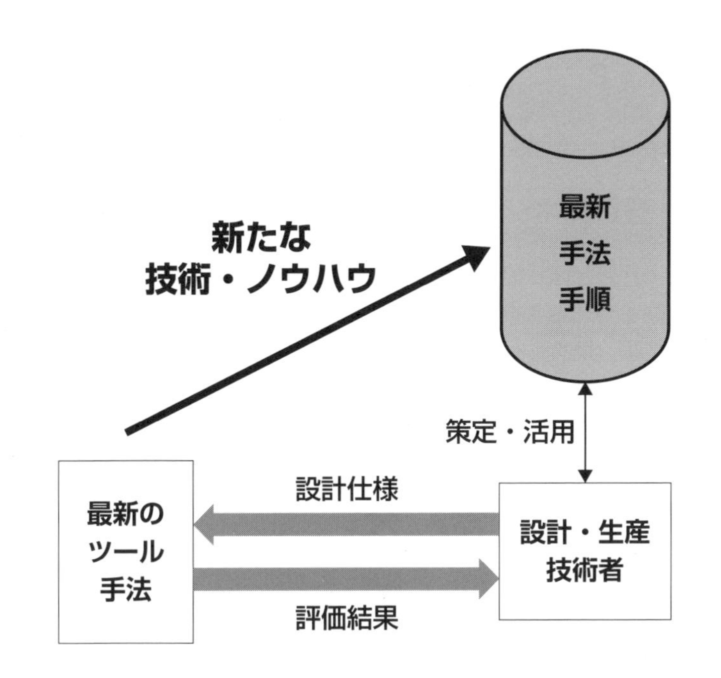

・設計上流での最新ツール・手法活用で、仕様を満足し、品質・コストはもちろんのこと、開発期間短縮を実現。
・上記取り組みの中で、技術の蓄積、全社展開を図る。

図1-1-3　最新のツール·手法の活用

第1章　2　設計マネジメント

1-2-1　設計マネジメント

設計マネジメントとは、設計を管理することで、設計者が業務を問題なく推進できるように道筋をつくる重要な役割といえます。設計マネジメントの善し悪しで、製品の性能、品質、コスト、納期などに大きな影響を及ぼします。

設計マネジメントは、業務管理、業務改善、人財育成の3つに集約されます。以下でそれぞれの内容について解説します。

(1) 業務管理

業務管理としては、主に下記事項があります。

・技術管理、目標設定：新製品、新技術、要素研究
・スケジュール、人員配置（適材適所）、業務分担（平準化）、予算管理
・資料や図面の検図
・部下の管理：残業、勤務、健康、人事評価（公明正大）
・部門内、他部署との調整

以下に“検図”と“人事評価”について解説します。

(1-1) 検図

検図には、担当者自らが行う自己検図と、他者が主に上位者が行う検図（以下他者検図）があります。担当者が行う自己検図はもちろん重要で、忙しい中でも時間を確保し、責任感を持って入念に行う必要があります。業務管理者として、担当者が自己検図を確実に行うよう指導するとともに、チェック機能としての他者検図も行います。検図する資料は、図面はもちろん、設計段階で作成するあらゆる資料が対象になります。主にチェックする内容としては下記が考えられます。

①設計自体：構造、機構、強度、動作、耐振動
②仕様：機能・性能
③コストダウン：流用、部品点数削減、形状、材質、加工法
④安全性、耐久性、環境性、特許性
⑤組立性、加工性、メンテナンス性
⑥寸法精度、加工精度、はめあい、公差
⑦誤記・図の間違い、寸法抜け、干渉

検図を行うには、専門的な知識はもちろん、豊富な経験やノウハウが必要になり

ます。特に他者検図では、担当者が気づきにくい所や経験上チェックが必要な箇所などを意識してチェックします。寸法1つでも間違っていれば加工や組立することができず、部品を再製作しなければならないこともあり、工数、コスト、納期などに多大な影響を及ぼします。

以上のように、検図は非常に重要な作業なので、自己検図、他者検図とも十分な時間を取って取り組むことが大切です。3次元CADのチェック機能の活用や、チェックが必要な内容のチェックリストを作成するなどの工夫も必要です。

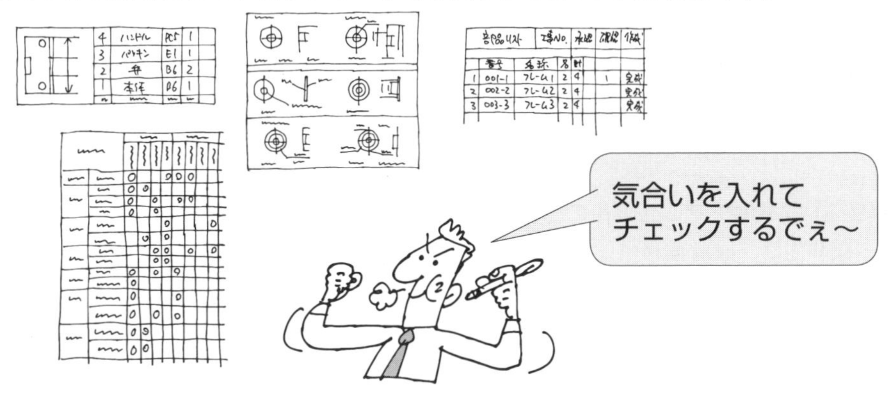

(1-2) 人事考課

的確で公明正大な人事考課をすることで信頼感が生まれ、モチベーションも高まります。以下のような項目、内容を意識し、部下の管理を行うことが大切です。

表1-2-1 機械設計者に必要な知識

項目	内容
規律性	高い倫理観を持ち、業務命令に対し忠実に取り組む 社会・職場のルール・マナーを守る適正な勤務態度
知識・スキル	業務遂行に必要な知識やスキルを有する 業務への活用、自己研鑽
協調性	関係者と協力し、業務を滞りなく推進 適切な業務分担、雰囲気がよい職場への貢献
コミュニケーション	報告、連絡、相談を的確に行い、業務を円滑に進める 打ち合わせや会議を有効に活用する
積極性	意欲と熱意を持って積極的に新規業務や課題、改善活動などに取り組む
責任感	自分自身の役割を理解し、責任感を持って業務を遂行する
理解・判断	担当業務の目的を理解し、課題を自ら見つけ、対応業務の優先順位を判断
計画・実行	業務計画を立て進捗管理しながら、効率的に遂行する

(2) 業務改善

日々当たり前のように行っている業務に対し、それを改善し業務効率を上げて成果を出すことは、マネジメントでしかできない重要な業務です。

- ・現在の業務は本当に必要なものか？
- ・自部署またはその担当者がやるべきことか？
- ・本来やるべきことでやっていないことはないか？
- ・もっと効率よくできないか？
- ・もっと早く、正確にできないか？
- ・見える化、マニュアル化できないか？

など、常に疑いの目を持ち改善していくことで、品質や生産性が向上します。

以下に"標準化"と"効率向上"について解説します。

(2-1) 標準化：マニュアルの整備、アウトプット統一、品質向上

標準化は、設計業務自体の標準化と製品の標準化の2つに大別できます。

設計業務自体の標準化は、設計の質を高め、工数の効率化に役立ちます。設計時に同じように考えるべき点についてあらかじめ決めておくことで、各々の設計者がバラバラに内容を検討して決める必要がなくなります。そのため、同じ質の設計を余計な工数をかけずに行うことができます。

そのためにも、設計の基準になる「設計標準書」、「計算ツール」の整備は重要になります。正しい内容であることはもちろん、実績を考慮した、実状に合ったものでなければなりません。常に最新版に更新するように適切な運用も必要です。

各々の設計者がバラバラに行っていた設計の考え方、計算の仕方を統一することで、以下のメリットが考えられます。

- ・設計品質のばらつきがなくなる……同じ基準、考え方で設計できる
- ・設計効率の向上……人に聞いたり、自分で調べる時間が省ける
- ・過剰品質、品質不良がなくなる……過剰あるいは過小マージンがなくなる
- ・コスト低減……同じ部品、流用品を利用する
- ・人財育成……設計標準書の内容を理解、実施することで技術力が向上
- ・不具合発生時、個人の責任ではなくなる

一方、製品の標準化をすることで製品の種類は減り、1種類の生産台数が増え、生産効率が高まります。さらに何度も生産することで、信頼性も向上し、製品の品質が安定するとともに、コストも低減させることができます。

メンテナンス部品も部品点数が減り、部品手配や作業効率が向上し、迅速に対応することが可能になります。ユーザーが重視しているのは製品の稼働率で、製品の耐久性や信頼性向上への要求も高まっているため、製品の標準化は今後ますます重要になります。

(2-2) 業務効率化：生産性向上

改善活動によって、付随的な仕事や不要な仕事いわゆるムダ・ムラ・ムリを減らし、業務を効率化することでより付加価値が高い創造的な業務に時間を割くことが可能になります。業務の効率化を実現し、業務を高度化することで、こなせる仕事量が増加し、生産性が向上します。

(3) 人財育成

マネジメントの重要な役割の1つに、“人財育成”があります。業務を単独で考えて進めることができない未熟な「人材」を長期的な視点で鍛え、主体的に自分で考えて業務を進めることができる「人財」に育て上げる必要があります。
そのためには、以下の3つのことを満足していく必要があります。

①モチベーションの維持
②業務遂行能力の向上
③能力開発、自己啓発

いかにモチベーションを維持し、業務遂行に必要なスキルを身につけさせ、さらに能力の開発により成長させるかが重要になります。

機械設計は創造的な業務で、大変である一方、やりがいを感じることができます。業務を行う上ではさまざまな困難に直面し、すべてが思い通りにうまくいくとは限りません。そうしたときにもやる気を失わず、意欲を持ってモチベーションを高める必要があります。

図1-2-1の心理学者マズロー（A.H.Maslow 1908～1970）は、欲求五段階説によって、人の欲求は限りなく、最終的には創造的な活動をすることで成長を感じ、豊かな状態になることで満足を得られるという考えを提唱しました。

創造的な活動は、まず業務に興味を持ち、課題（不足していること）を見つけ、深く考えて検討することから始まります。そして、図1-2-1の“成長欲求の段階”に位置することで成長が感じられ、モチベーションを維持することにつながります。「自分はちゃんとできる、やれている」と感じることのより、成長意欲が高まるのです。そのためには、的確な目標の設定をし、それをクリアして適正に評価されていることを実感することが大切です。

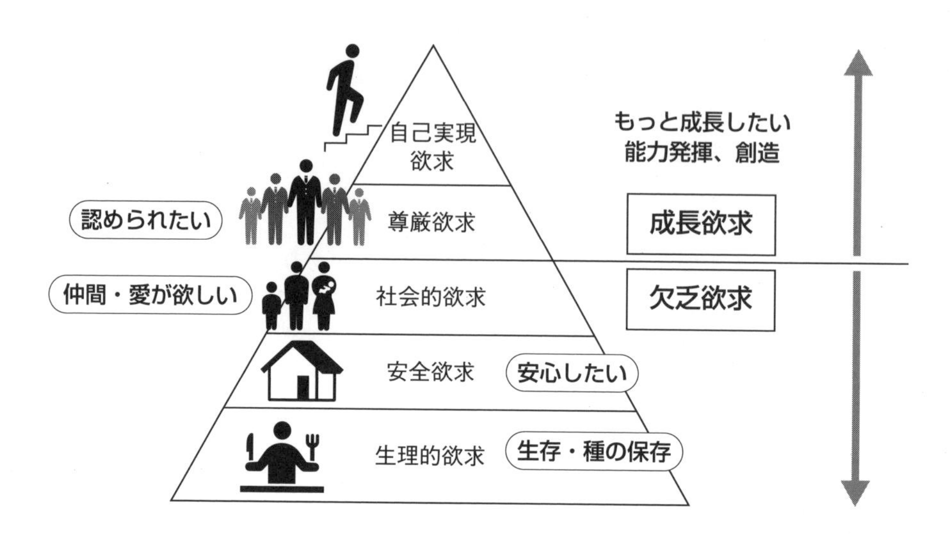

図1-2-1　マズローの要求五段階説

(3-1) 教育

ISO9001における教育の考え方として、「力量」が要求されています。

力量とは、意図した結果を達成するために必要な知識や技能を適用する能力のことです。この力量がある根拠としては、実績、知識、経験、公的資格、教育、訓練、技能などが考えられ、以下の事項を実施します。

①組織のＱＭＳパフォーマンス及び有効性に影響を与える業務をその管理下で行う人に必要な力量を決定する。

②適切な教育、訓練又は経験に基づいてそれらの人々が力量を備えていることを確実にする。

③該当する場合には、必要な力量を身につけるための処置を取り、取った処置の有効性を評価する。

④力量の証拠として、適切な文書化した情報である力量評価表や教育訓練記録などを保持する。

■D(￣ー￣*)コーヒーブレイク

MOTとMBA

技術を軸に経営するには、以下の段階を踏む必要があります。

1）研究：技術シーズを見つける

2）開発：ターゲット製品絞りこみ

3）事業化：製品として販売できるようにする（人、もの、金の調整）

4）産業化：新市場の開拓や市場での優位性を保つ

MOTはManagement of Technologyの略で、技術経営とも呼ばれ、上記1）～3）をスムーズに実現させる手法です。新規事業の創出、技術革新を目指した技術の管理手法で、技術を速やかに事業化するものです。

どんなに優れたテクノロジーを持っていても、製品化や事業化し、経済的価値を創出しなければ、宝の持ち腐れです。そのため、自社が持つ独自の技術を経営資源と捉え、戦略的かつ効率的に活用することが重要です。「自社の技術と社会のニーズを結び付ける」ことを前提とし製品開発を行ないます。

①顧客が魅力を感じる商品を想像する力を強化する

②先進 的かつ魅力ある商品を独創的な技術開発で実現（創造）する

③顧客・企業 価値の最大化を図る

一方、MBAはMaster of Business Administrationの略で、経営学修士とも呼ばれ、上記3）、4）をスムーズに実現させる学問を修めた人に与えられる称号です。さまざまな経営課題に対し、経営資源であるヒト・モノ・カネを最適に配分することで、企業を発展させます。

1-2-2 品質マネジメント

「品質マネジメントシステムの国際規格」であるISO19001を取得している会社であれば、設計検討の流れは“品質マネジメントシステムの体系図”や“自部門の部門内規定”としてまとめられています。これらの内容をよく理解し、その流れに沿って業務を進め、記録に残していくことが必須になります。

ISO9001は、国際標準化機構（ISO：International Organization for Standardization）が規定する「品質マネジメントシステム（QMS：Quality Management System）の国際規格」のことをいいます。この規格で規定された品質マネジメントシステムの要求事項を満足することが、製品の品質保証に加え、顧客満足の向上を目指すことにつながります。この規格は、以下のように11の箇条で成り立っています。

表1-2-2　ISO9001規格

説明	箇条0	序文
	箇条1	適用範囲
	箇条2	引用規格
	箇条3	用語及び定義
要求事項	箇条4	組織の状況
	箇条5	リーダーシップ
	箇条6	計画
	箇条7	支援
	箇条8	運用
	箇条9	パフォーマンス評価
	箇条10	改善

またQMSは、組織が戦略上採用するもので、これを実施することで、製品、サービスの一貫した提供、顧客満足の向上、リスク・機会への取り組みなどの便益を得られます。これは以下①～⑦の７原則として規定されています。

①顧客重視…顧客要求事項を満たし、期待を越える

②リーダーシップ……目的、方向、関与を一致させる

「ＱＭＳに関する品質方針及び品質目標を確立し、それらが組織の戦略的な方向性及び組織の状況と両立することを確実にする」

③人々の積極的参加…組織の価値を生み出す能力を高める

④プロセスアプローチ…組織のパフォーマンスを最適化する

「インプットをアウトプットに変換する、相互に関連または作用する一連の活動」

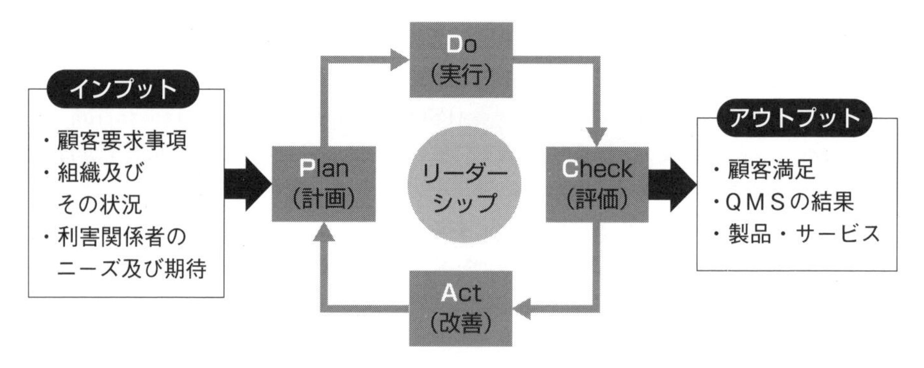

PDCAサイクル…P(Plan):計画、D(Do):実行、
C(Check):評価、A(Action):改善により継続的に業務を改善する

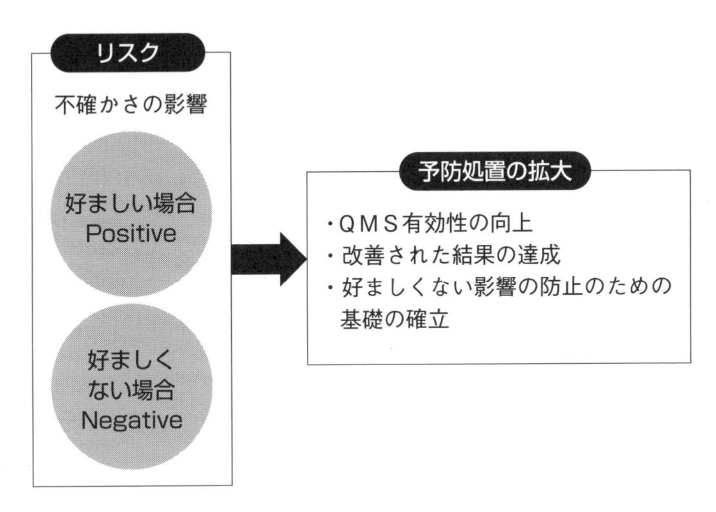

リスクに基づく考え方‥リスク及び機会双方への取り組みによる予防措置の拡大

⑤改善……組織は継続的に改善することで成功する
⑥観的事実に基づく意思決定……事実、証拠、データ分析は、望ましい結果を生み出す。
⑦関係性管理……利害関係者との関係を管理することで、組織は持続的に成功する

QMSについては、具体的な事例も交えて、本書の5章6節で詳しく解説します。

また、箇条8運用の中で、製品及びサービスの設計、開発として、箇条8.3 に下記のことが規定されています。とくにインプットを明確にし、アウトプットがそのインプットを満たしているか検証することが大切です。内容の詳細に関しては、確認するようにしましょう。

表1-2-3　ISO9001　箇条8運用　8.3 製品及びサービスの設計･開発

8.3.1	一般	設計、開発のプロセスを確立、実施、維持する
8.3.2	設計･開発の計画	設計、開発の段階･管理を決定する
		設計、開発の段階･管理決定で考慮するべき事項
8.3.3	設計･開発へのインプット	設計、開発のインプットを明確にする
8.3.4	設計･開発の管理	設計、開発プロセスの管理するべき事項
		要求事項を満足する能力を評価するためのレビュー
		アウトプットがインプットを満たしているかを検証
		用途に応じた要求事項を満たすかの妥当性確認
8.3.5	設計･開発からのアウトプット	インプットで与えられた要求事項を満たす
8.3.6	設計･開発の変更	要求事項への適合への悪影響を防止

第2章

設計検討の前提（設計環境の変化）

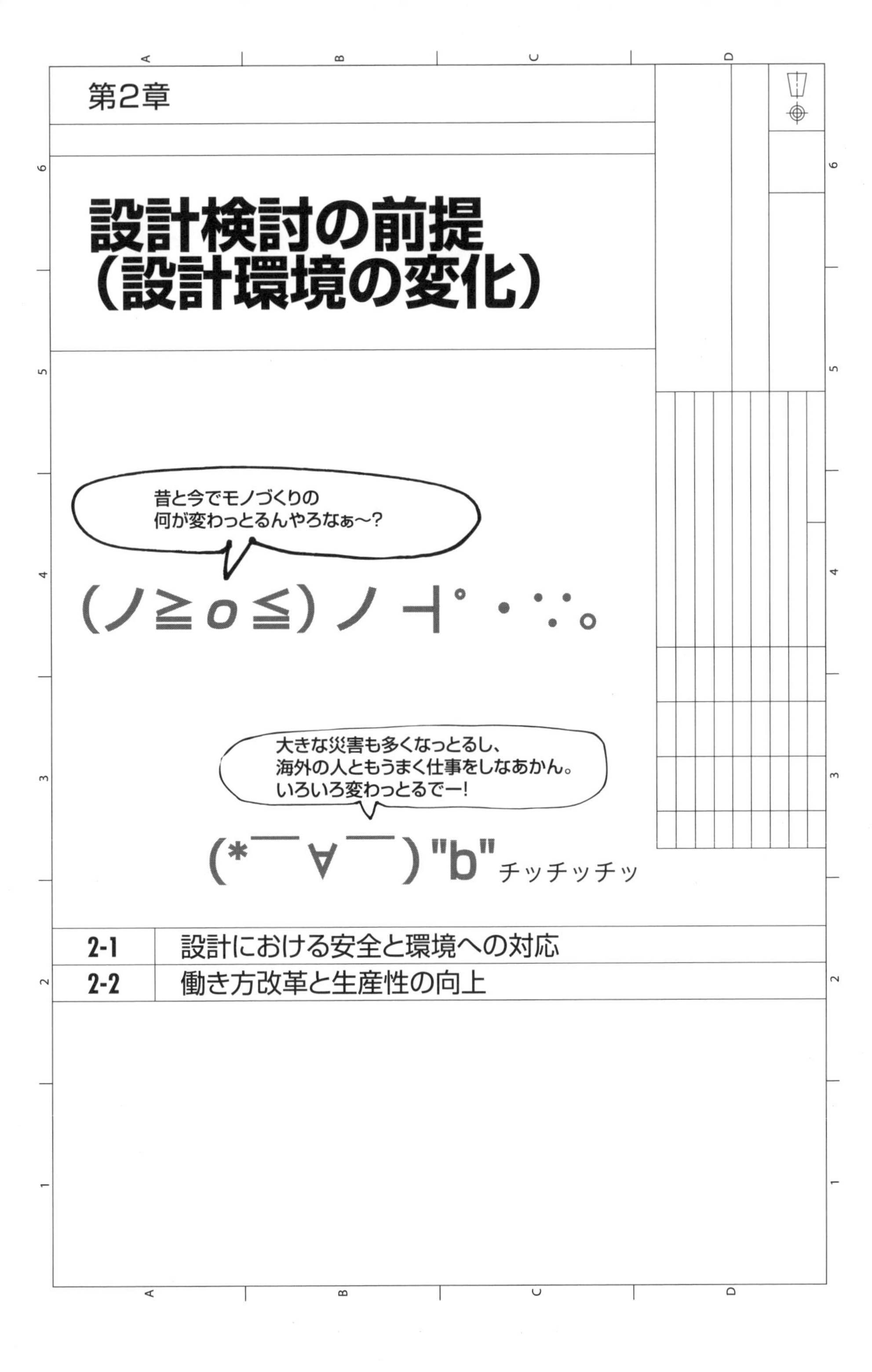

第2章	1	設計における 安全と環境への対応

2-1-1 設計における安全への対応

(1) 機械の安全設計

前出した国際規格である国際標準化機構：ISO（International Organization for Standardization）の“機械安全”に関しては、**図2-1-1**のようにISO12100とISO14121が基本安全規格として規格化されています。

ISO12100は、あらゆる機械を対象にした機械の設計者に対する規格で、リスクアセスメントに基づき、本質的安全設計方策、安全防護策および付加保護方策、使用上の情報という3つの方法を用いて、傷害や健康障害のリスクを低減することを基本的な要求事項としています。第1部では基本用語および方法論について、第2部では技術原則について規定しています。一方、ISO14121は補足的に用いられ、リスクアセスメントに関する一般原則を定めています。

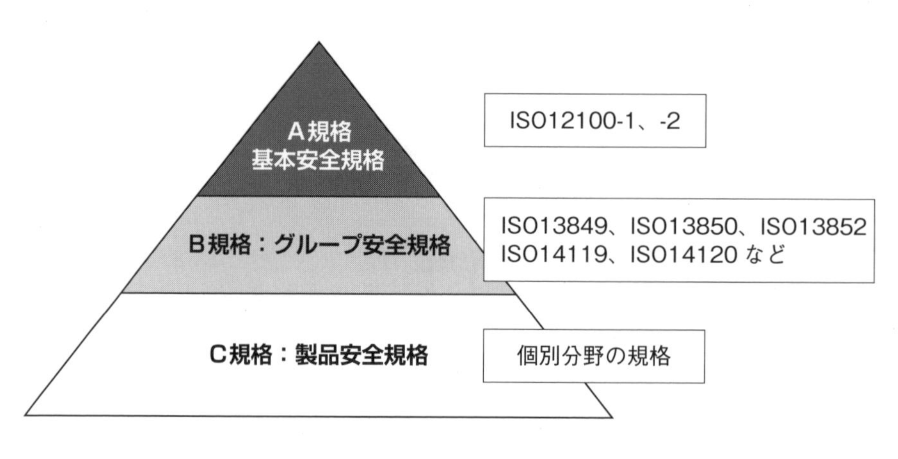

図2-1-1 安全規格の概要

安全性確保のためのもっとも基本的な作業の1つとして、“リスクアセスメントによるリスク低減方策”があります。

リスクアセスメントは、次の3つの制限範囲内で恒久的な危険源及び予期せずに表れ得る危険源を同定した上でリスクを算定し、リスク低減が必要かどうかを最終的に決定します。

使用上の制限	意図する使用、合理的に予見可能な誤使用の考慮など
空間上の制限	機械の可動範囲、操作者と機械間のインタフェースなど
時間上の制限	機械、各コンポーネントのライフリミットなど

そして、リスクの低減が必要な場合は、**図2-1-2**の3ステップメソッドを行います。

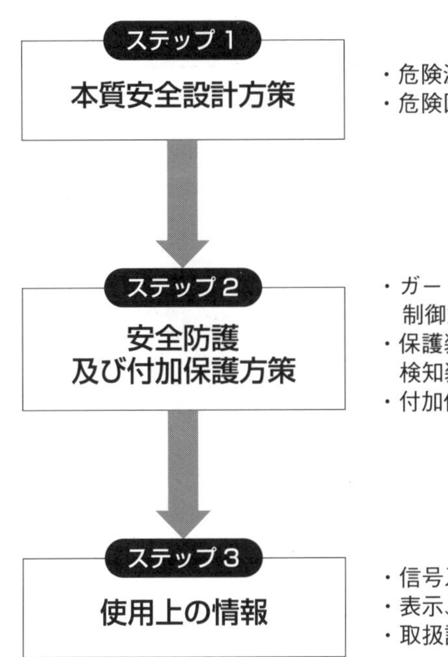

- 危険源を回避する
- 危険区域への進入の必要性を低減する

- ガード：固定式、可動式、調整式、制御式など
- 保護装置：両手操作、インターロック、検知装置など
- 付加保護方策：非常停止、救助、遮断など

- 信号及び警報装置
- 表示、絵文字などの標識、警告文
- 取扱説明書などの附属文書

図2-1-2 リスク低減のステップ

図2-1-3にリスクアセスメント及びリスク低減の安全方策の手順を示します。

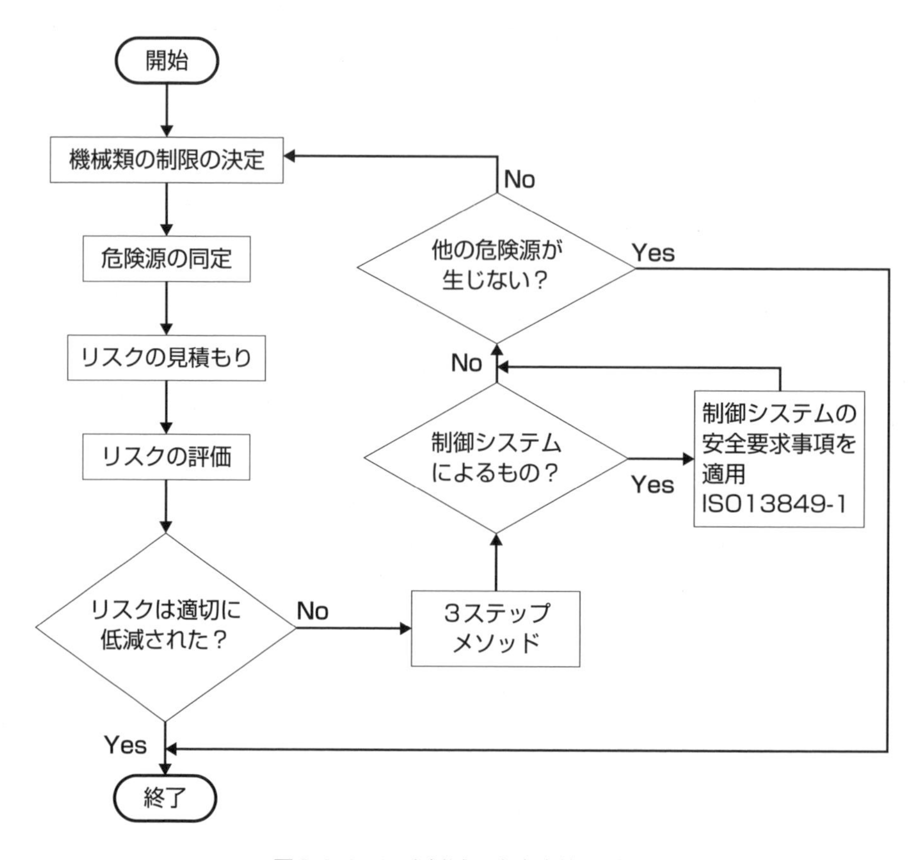

図2-1-3 リスク低減の安全方策の手順

なお、機械の安全性を確保するためには、**表2-1-1**の安全設計技術も重要です。

表2-1-1　安全設計技術

用語	定義
フェールセーフ	機械が故障した際、機械の危険な動きをあらかじめ定められた1つの安全な状態をとるようにする設計上の性質
フールプルーフ	人為的に不適切な行為又は過失が起こっても、安全な状態を保持する性質
フォールト・アボイダンス	構成部品を高信頼化することで、本来の機能を維持し続ける技術
フォールト・トレランス	多重系、冗長系を構成し、一系が故障しても他の系がその機能を補い、全体機能を維持する技術

(2) 海外安全規格

感電や火災などの危険から一般消費者を守ることを目的とする安全規格が世界各国にあります。その代表的なものとしては、IEC：International Electrotechnical Commission（国際電気標準会議）、UL：Underwriters Laboratories（米国火災保険業者安全試験所）、EN：European Norm、電気用品安全法などです。製品を流通させるためには、その国の安全規格に適合していることを示すため、安全規格に対する認証取得が必要になります。

以下に世界各国での製品の販売、流通するために必要な制度または規格について説明します。

(2-1) CEマーキング

CEマーキングは、製品をEU：European Union（欧州連合）域内に輸出する場合に必要になります。輸出したい製品が、適用を受けるすべてのEU規則・指令が要求することを満たした証として、製品に貼付することが義務づけられています。そのため、下記の場合、EU加盟各国の法律によって罰金・禁固、製品販売の中止、製品の全回収などの罰則が課される厳しい法律です。

・CEマーキングを貼付していない
・CEマーキングがあっても適切な評価と必要なドキュメントを作成していない
・CEマーキングの貼付が必要のない製品にCEマーキングした

製品にCEマーキングすることにより、EU域内に製品を輸出することができ、自由な流通が可能になります。

CEマーキングに必要な手順は、**図2-1-4**になります。

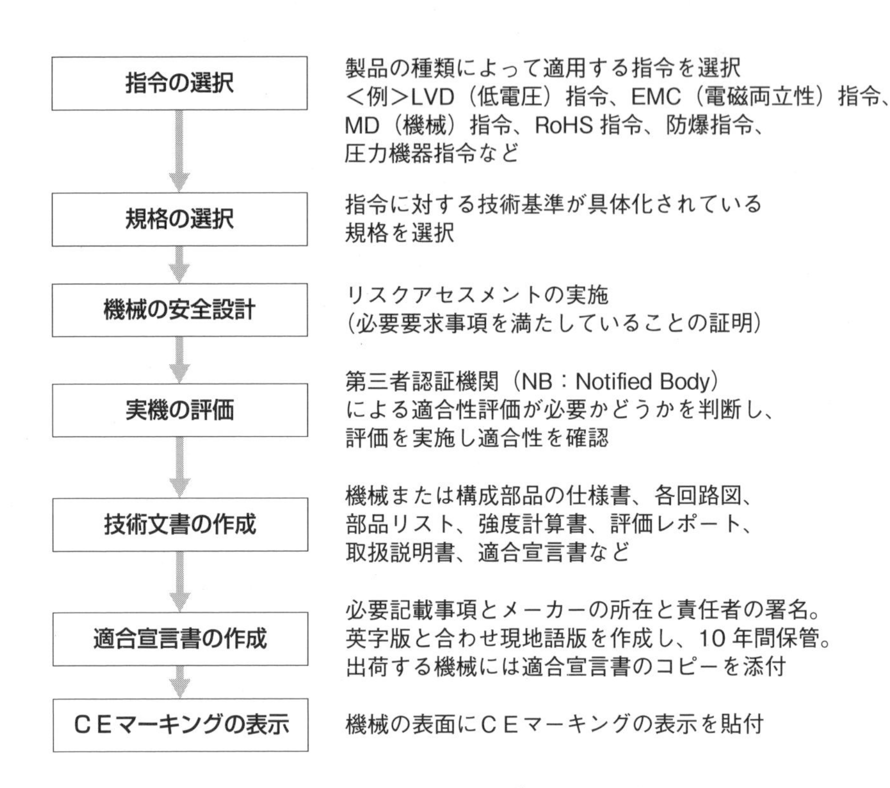

図2-1-4 CEマーキングに必要な手順

■D(￣ー￣*)コーヒーブレイク

ＣＥマーキング取得のための主なEU指令

◇低電圧指令（2014/35/EU）
電気エネルギーについての危険源に関して、感電、火災、やけどなどのリスクを低減します。交流50～1000 V、直流75～1500 Vで使用される機器に適用。

◇EMC指令（2014/30/EU）
製品が持つ電磁波リスクについて、製品から発せられる放出レベルの確認（EMI：Electro Magnetic Interference）と、製品に妨害波を与えても正常動作が維持できることの確認（EMS：Electro Magnetic Susceptibility）を行います。

◇機械指令（2006/42/EC）
機械類が持つ多くの危険源のリスクに対し、労働者、使用者、家畜、財産の安全確保を目的とします。リスクアセスメントによるリスク低減を要求。

◇RoHS指令（2011/65/EU）…（詳細はP.30参照）
以前はRoHS指令はEC適合宣言指令の対象外でしたが、RoHS指令6物質対応では2017年7月22日以降、RoHS指令10物質対応では2021年7月22日以降は、EC適合宣言書への組み入れが必須になります。

(2-2) UL規格

ULは米国認証機関（UL：Underwriters Laboratories Inc.）が策定する製品安全規格で、アメリカ国家規格協会（ANSI：American National Standard Institute）によりアメリカの製品安全規格の代表格として認知されています。その目的は、火災その他の事故から人命、財産を保護するために機械、器具、材料の安全性を確保することにあります。

(2-3) CSA規格

CSAはカナダ規格協会（CSA：Canadian Standards Association）が策定する製品安全規格で、カナダ規格評議会（Standards Council of Canada: SCC）によりカナダの製品安全規格の代表格として認知されています。カナダでは、法律により、火災その他の事故から人命、財産を保護するために、電気機器、電気部品、ガス・石油燃料機器、安全器具などについて、その安全性がCSA規格に適合したもの以外は、使用、販売が禁止されています。

(2-4) 中国強制製品認証制度（CCC制度）

中国では、安全性などに関係のある製品に対してCCC制度が適用されます。

対象となる製品は、指定認証機関の認証を取得するか、あるいは指定試験機関で実施した試験結果に基づく自己宣言により、CCCマークを表示します。CCC認証品については年1回の工場検査を受ける必要があり、CCCマークのない製品は、中国への輸出入および中国国内での販売が禁止されています。

(2-5) KCsマーク

韓国産業安全公団が管轄するKCsマークの規制があり、韓国へ輸出または製造・販売するにはいずれかの認証取得、登録する必要があり、これらマークを製品に表示する必要があります。

2013年3月1日から韓国産業安全保健公団（KOSHA）安全認証制度によりKCsマーク表示が必須になり、対象製品によりKOSHAの審査が必要な「義務安全認証」と文書審査が必要な「自律安全確認申告」があります

表2-1-2　海外安全規格の例

規格	国
CEマーク	EU加盟国(欧州)
ULレコグニションマーク 製品内部の部品の認証	アメリカのみ
	カナダのみ
	アメリカ、カナダ両国
ULリスティングマーク 最終製品に対する認証	アメリカのみ
	カナダのみ
	アメリカ、カナダ両国
CSAマーク	カナダ
CCCマーク	中国
KCsマーク	韓国

2-1-2　設計における環境への対応

(1) 環境マネジメントシステム

品質マネジメントシステム（QMS）を制定し、品質を確保する取り組みを行うISO9001に対し、環境マネジメントシステム（EMS：Environmental Management System）により、環境にやさしい経営を実現するため、ISO14000シリーズが規定されています。

認証取得に関係があるのはISO14001で、以下2つの整備が必要になります。

①環境レビュー

組織が抱えている環境問題を把握し、環境方針や環境目的、環境目標を設定します。

②EMS要求事項の内容の具体化

図2-1-5のようにPDCA（P：PLAN（計画）⇒D：Do（実行）⇒C：Check（評価）⇒A：Action（改善））サイクルを繰り返し実践することにより、継続的な改善を推進します。

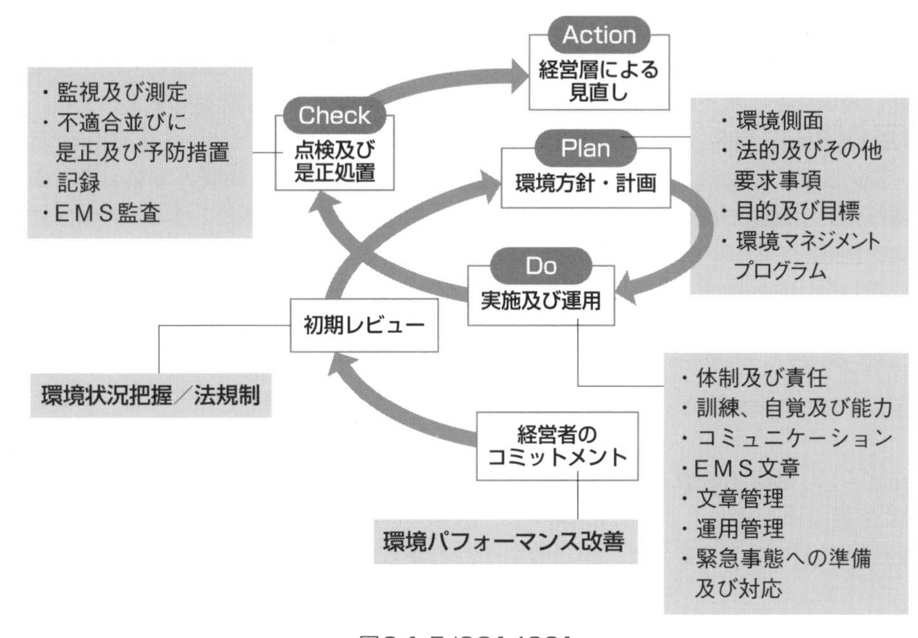

図2-1-5 ISO14001

■D(￣ー￣*)コーヒーブレイク

エコアクション21とは

ISOが規定するISO14000シリーズに対し、環境省が策定した「環境経営システム、環境活動レポートガイドライン」に基づく環境マネジメントシステムです。

CO_2排出量、廃棄物排出量、水使用量を把握して、環境活動レポートを作成し、情報を公開します。製品の環境負荷を削減し、環境保全に役立つ製品を開発、販売し、グリーン購入の推進などが求められます。登録には、第3者による認証が必要になります。

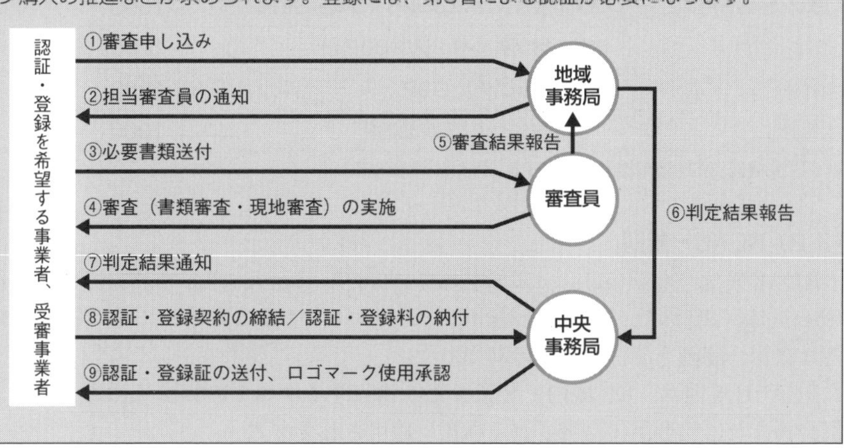

(2) 製品含有化学物質管理

製品含有化学物質管理に関するEUの主な法規制であるRoHS指令とREACH規則についてと、それに関連する日本国内の主な法規制について解説します。

(2-1) RoHS指令

EUでは、2006年7月1日からRoHS指令として有害物質6物質の電気・電子機器への使用制限が施行されました。規制物質は、鉛、水銀、カドミウム、六価クロム、PBB、PBDE で、それぞれ規制制限が設けられています（RoHS1)。

その後、RoHS2として下記内容が見直され、2013年1月3日より施行されました。

①カテゴリ8（医療用機器)、カテゴリ9（監視・制御機器）が対象となり、新たにカテゴリ11として「その他の電気・電子機器」が追加

②CEマーキング制度の適用

さらに、制限6物質に4物質（DEHP、BBP、DBP、DIBP）が追加され、合計10物質になりました。これについてはAnnexII（付属書II）を置き換える官報が2015年6月4日に公布され、2019年7月22日から適用となりました。

表2-1-3　RoHS指令

発効時期	規制物質	規制濃度[ppm]
2006年7月 (RoHS1:6物質) 2013年1月 (RoHS2:6物質)	鉛:Pb	1000
	水銀:Hg	1000
	カドミウム:Cd	100
	六価クロム:Cr　VI	1000
	ポリ臭化ビフェニール:PBB	1000
	ポリ臭化ジフェニルエーテル:PBDE	1000
2019年7月※1 (10物質)	フタル酸ビス(2-エチルヘキシル):DEHP	1000
	フタル酸ブチルベンジル:BBP	1000
	フタル酸ジブチル:DBP	1000
	フタル酸ジイソブチル:DIBP	1000

※1:医療機器、監視制御機器は2021年7月より

(2-2) REACH規則

REACH とは、Registration Evaluation Authorization and Restriction of Chemicalsの略称で、REACH規則は、2007年6月1日に発効した化学物質の総合的な登録、評価、認可、制限の制度です。

REACH規則は、EU域内で製造または輸入するすべての物質そのもの、および混合物または成形品に含有される物質に適用されます。

REACH規則の附属書XⅣに収載される認可対象物質の候補になる物質は、人の健康や環境に影響を及ぼす高懸念物質：SVHC（substances of very high concern）として定められています。

(2-3) 日本国内の法規制

日本国内の化学物質に関する主な法規制としては、以下があります。

①化審法：化学物質の審査及び製造等の規制に関する法律
　人の健康を損なう又は動植物の生息、生育に支障を及ぼすおそれがある化学物質による環境の汚染を防止。

②安衛法：労働安全衛生法
　労働者の安全と衛生についての基準を定めたもので、労働者の重度の健康障害を生じるものを規制。

③毒劇法：毒物及び劇物取締法
　急性毒性による健康被害が発生するおそれが高い物質の取り締まり。

④化管法：化学物質排出把握管理促進法
　化学物質の排出等の届出の義務付け（PRTR制度）、化学物質等安全データシートの義務づけ（SDS制度）を規定。

⑤消防法
　火災発生、拡大、消火が困難な物品を「危険物」として規制。

安全データシート：SDS（Safety Data Sheet）

記載内容

名称、性質
危険性、有毒性
取扱方法、保管方法
廃棄方法など

化学物質の危険有害性等に関する情報を記載

図2-1-6 安全データシート

2-1-3 貨物または技術の輸出時の対応

(1) 該非判定

製品または技術を輸出する場合、輸出しようとする貨物が「輸出貿易管理令（輸出令）別表第1」又は、提供しようとする技術が「外国為替令（外為令）別表」に該当するか否かを判定する必要があります。下記表のように、リスト規制とキャッチオール規制で規制されています。

表2-1-4 リスト規制とキャッチオール規制

規制	禁止品	書類
【リスト規制】 輸出許可	大量破壊兵器や武器の開発につながるもの 工業系、機械系製品	1〜15の項 貨物:輸出令別表1 技術:外為令別表
【リスト規制】 輸出承認	需給調整品、禁制品、国際協定品（ワシントン条約対象貨物）など	1〜15の項 貨物:輸出令別表1 技術:外為令別表
【キャッチオール規制】	大量破壊兵器、通常兵器	16の項（リスト規制外）ホワイト国以外

該非判定の手順は以下のように行い、該非判定書を作成します。該非判定書には、CISTEC（安全保障貿易情報センター）が発行している法令で規制されている全ての貨物と技術をチェックする“項目別対比表”と、分野別のチェックを行う“パラメータシート”があります。

① 該非判定対象貨物または技術の抽出
② 輸出令別表第1または外為令別表の規制項番選定
③ 輸出令別表第1または外為令別表による該非判定（該非判定書の作成）

2-1-4 自然災害などの外乱を考慮した設計

(1) 近年の自然災害の発生状況

記憶に新しい災害では2011年3月の東日本大震災があります。地震による直接的被害に加え、地震で発生した津波による原発の電源喪失は炉心の冷却不良を引き起こし、爆発・放射能漏れへと人的・物的被害が拡大しました。その後の懸命な復旧活動・各種支援により復興に向けた活動は急ピッチで進められていますが、災害は物体そのもの、そして人々の心理に大きな影響を与えました。

歴史的に見て、自然災害は様々な場所で起こっており、今後もどこかで発生することが予想されます（**表2-1-5**）。原発の例を、ISO26000に定義されている機械安全の用語を使うと、「津波というハザードに対して、発電機が浸水して電源喪失す

表2-1-5　2011～2019年に発生した主な災害(内閣府資料をもとに編集)

西暦	月	原因	被害地域	被害の程度
2011	1	新燃岳噴火	新燃岳(鹿児島県)、九州南部	降灰による農業被害や空振による窓ガラス割れ
2011	3	東日本大震災	東日本全体、太平洋側、他（主に地震による津波、および原発による放射能漏れの影響）	M9.0、震度7。死者19,689名、行方不明者2,563名負傷者6,233名。家屋損壊1,120,000棟以上
2011	7	豪雨	四国地方	死者・行方不明者3名、浸水被害50棟
2011	7	豪雨	新潟、福島県等	死者・行方不明者6名、浸水被害8,800棟
2011	8	台風12号	和歌山、奈良、三重県等	死者・行方不明者16名、家屋損壊18,000棟
2012	5	竜巻	茨城、栃木	死者3名・負傷者59名、家屋損壊1,300棟
2012	7	豪雨	福岡、佐賀、熊本、大分	死者・行方不明者32名、浸水被害12,000棟
2013	9	台風18号	全国	死者6名・負傷者125名、家屋損壊11,700棟
2013	10	台風26号	東京、千葉	死者39名・負傷者92名、家屋損壊6,500棟
2013	10	竜巻	埼玉、千葉、栃木	死者0名・負傷者60名、家屋損壊1,500棟
2014	8	豪雨	広島	死者74名・負傷者44名、浸水被害430棟
2014	9	御嶽山噴火	長野県、岐阜県	死者57名、行方不明者6名、家屋被害500棟
2015	1	大雪	東北、北陸	死者83名・負傷者569名、家屋損壊234棟
2015	9	豪雨	宮城、茨城、栃木	死者8名・負傷者72名、浸水被害19,700棟
2016	4	地震	熊本	死者273名・負傷者2,800名、家屋損壊163,500棟
2016	10	地震	鳥取	死者0名・負傷者30名、家屋損壊14,400棟
2017	10	台風21号	全国	死者8名・負傷者200名、家屋損壊6,400棟
2017	3	雪崩	栃木	死者8名・負傷者40名
2018	1	地震	北海道	死者42名・負傷者760名、家屋損壊14,000棟
2018	9	台風21号	全国	死者14名・負傷者950名、家屋損壊50,300棟
2019	10	台風15号	千葉、茨城、神奈川	死者1名・負傷者150名、家屋損壊43,000棟
2019	10	台風19号	千葉、茨城、神奈川	死者95名・負傷者470名、家屋損壊100,000棟

るというインシデント、炉心溶融という災害、放射能漏れによる被ばくリスクへと時間的、空間的に被害が広がっていきます」と、表現できます。本節では、自然災害を切り口にして一般的なリスク事象へも視野を広げ、私たちが設計する、モノやサービスに対して、安全と安心を担保するために設計段階で検討すべき事項をまとめます。

(2) リスクとは

ISO Guide73によるとリスクRisk（effect of uncertainty on objectives）は、「諸目的に対する不確かさの影響」とされています。本書における諸目的は設計の成果物である図面や製品・装置・サービスを意味します。また、不確かさとは設計の過程で起こる外乱、その起こりやすさに関する情報、理解、知識などが欠けている状態を指します。リスク ＝ 危害の大きさ × 発生頻度とも表記されます。

2019年1月から世界経済フォーラム（ダボス会議）が開催され、グローバルリスク報告書2019」が発表されました。グローバルリスク報告書は、各国政府、企業、学術界、NGO、国際機関のリーダー、そして各分野の専門家会議や学識者らのメンバーによって、グローバル化したビジネスにおけるリスクを、適切な対策を講じて対処するヒントを共有するために作成されます。バリューチェーンのグローバル化（2章2節2-2-3参照）が進展する現代では、モノづくりの工程が世界中にチェーンのようにつながった状態で張り巡らされています。いったんどこかに支障が生じると、続けざまに前後の工程が停滞し大きな影響が出ます。モノづくりに影響を与えるリスクは自然災害以外にも多々あります。

表2-1-6に近年、懸念されているリスクを記載します。

表2-1-6　モノづくりに影響を与えるリスク

- 自然災害：異常気象、地震、台風、津波、高潮、火山、洪水、落雷、竜巻、集中豪雨、熱波、太陽フレア、隕石、温暖化と海面上昇
- 枠組み：国策、ルール変更
- 人：退職、人手不足、移民・難民
- モノ：不作、有害廃棄物、環境汚染
- 金：株・金利の暴落、仮想通貨の台頭
- 貿易：関税の撤廃・付与、経済圏の変遷
- セキュリティ：サイバー攻撃、データ流出、NET拡散、デマ情報
- 国防：テロ、大量破壊兵器（核、化学、生物、放射性物質）
- 資源：水資源、オイルショック、石油枯渇
- 疾病：伝染病、ワクチン不足

(3) 自然災害による外乱の影響

ここでは地震が設計に及ぼす影響について考察します。自然災害に対応した設計に取り組む場合、直接的原因をもとに分析・対策するのではなく、直接的原因から引き起こされる1次的影響、そこから伝搬する2次的影響をも含めた対策が重要です。この考え方は、設計に関わるリスクの分析・対策立案の考え方として、さまざまな設計案件へ横展開が可能です。

例えば**図2-1-7**のように、設計対象である生産設備が地震を受けたとき、地震 = 振動だからといって振動に関する影響だけを考えるのではなく、振動から引き起こされる、停電、火災、ガス漏れ、漏水・浸水、通信切断などの2次的影響も含めて想定するということです。これにより広範囲にリスクに対応できます。

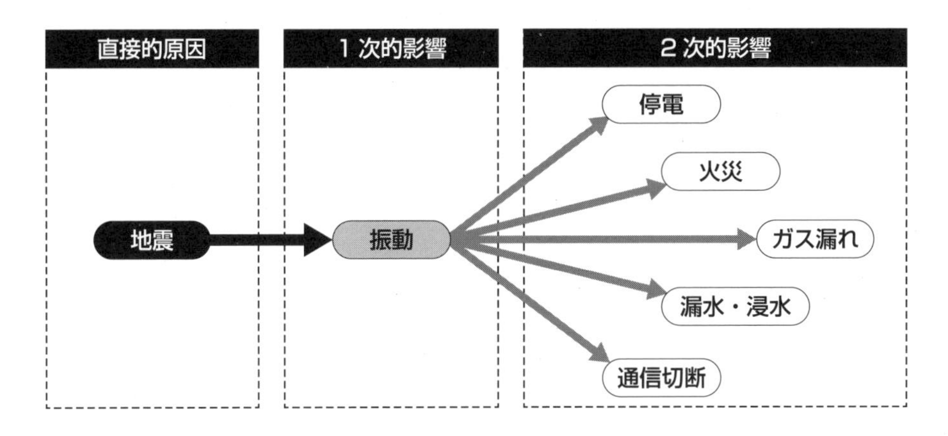

図2-1-7　自然災害による影響（地震の例）

(4) 設計としてのリスク低減策

(4-1) 事前対策

限られた、時間と予算の中で安全を事前に検討し対策するためには、優先順位づけとバランス取りが必要になります。

ISO31000（リスクマネージメントシステム）では、これらの思考方法を系統立てて整理しています。ISOをモノづくり全体に渡って上手く組み込むことで、継続的に組織知を蓄積できます。また設計という観点では、ISO26000（機械安全による定義）でもリスクアセスメントが登場します。さらに日本では、労働安全衛生法第28条の規定により、製造業、建設業等、危険化学物質等を扱う企業・事業所では、リスクアセスメントの実施に努めなければなりません。

ISO31000ではリスクを管理するためのプロセスとしてリスクアセスメントを定義しています。以下、**図2-1-8**にもとづいて説明します。この図は図2-1-3のリスクアセスメントのフロー図と少し形が違います。ここで注意しなければならないのは、リスクアセスメントを実施したからといってリスク対応が万全とはいえないということです。リスクアセスメントはある時点での瞬間の状態を監査したにすぎず、未来永劫その状態が続くわけではないのです。図をよく見ると、リスク対策の後に「経過観察及びレビュー」とあります。これは置かれている状況が変わることを前提に、都度、このフローを見直しなさいという意味です。例えば4M（材料、工法、人、機械）に変更があった場合などです。

また、リスクアセスメントはリスクの特定、分析、評価、対策の4つのアクションで構成されますが、これらすべてのアクションにおいて、「コミュニケーションおよび協議」が関連づけられています。要するにリスク管理とは、AIやソフト任せにするだけではなく、**人が介在**して、**継続的に取り組む**ことで成立するのです。

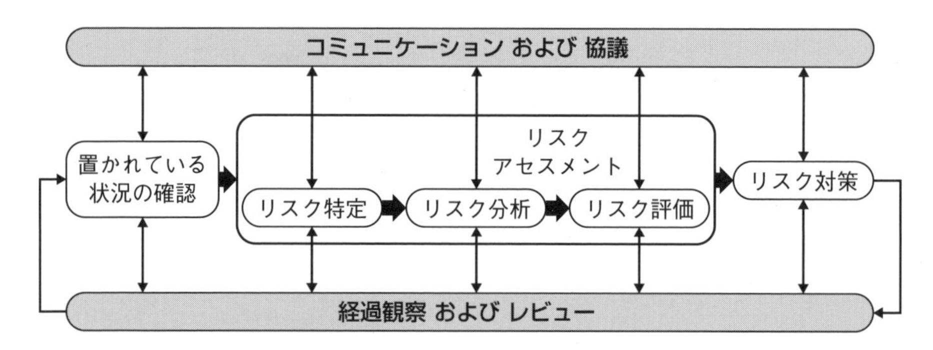

図2-1-8　リスクを管理するためのプロセス（出典:ISO31000をもとに編集）

(4-2) 具体的アクション

リスクを管理するためのプロセス全体を見渡して、設計者は具体的に何を準備すればよいでしょうか？　従来のリスク情報をそのままトレースするようなやり方では、十分な安全性は確保できません。

図2-1-9に、設計者がリスクアセスメントを実施する際の具体的な手順を、前述の図2-1-8と関連づけて整理しました。（FMEAやFTA、ETAは、前著「設計って、どないすんねん！」にも記載があります。）

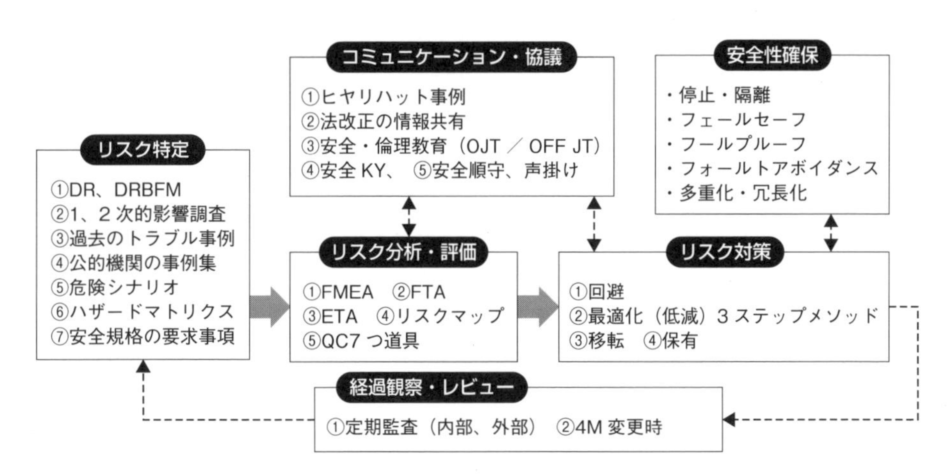

図2-1-9　リスクアセスメント実施時の具体的な手順

(5) 安全・安心なものづくり

(5-1) 事業継続計画BCP

災害に対しての事前の備えについては、これまで述べたとおりです。では、実際に災害に直面した場合にはどうすればよいでしょうか。これには事業継続計画の考え方を理解し、事前に準備をしておくことが有効です。

企業は、ステークホルダー（利害関係者）と協力しながら、社会に有用なモノやサービスを提供するために存在します。ステークホルダーとは、顧客や従業員、株主、取引先、行政、地域社会など、企業と繋がりを持った集団全般を指します。仮に災害等で、企業活動が停止する事態に陥ると、ステークホルダー全体に影響が波及します。とくに、グローバル化が進んだ今日では、影響は国外にも及ぶことが予想されます。企業の使命は、**継続的**にモノやサービスを供給することであり、企業の社会的責任CSR（Corporate Social Responsibility）にも通じます。したがって、災害による損害を最小にする事前対策、そして損害が生じた場合は迅速な復旧が大切なのです。この考え方を一般化したものが事業継続計画BCP（Business Continuity Plan）です。

著者は海外の工場に勤務中、豪雨による川の氾濫に巻き込まれた経験があります。豪雨の進行方向は天気予報で把握していましたし、周辺の関係者からの情報も入手していたため、逼迫する状況は少なくとも1週間くらい先と考えていました。ところが予想を上回る速さで川の水嵩が増し複数の堤防が決壊したのです。当時、川の下流には人口密集地が存在し、川には海運用の用水路が複数接続していました。しかし用水路の氾濫を恐れた管理者が、一斉に用水路に繋がる水門を閉止しました。すると、流れる先を失った川の水は、急激に水位を上げ川の上流で氾濫に至ったのです。このような状況下、事前に準備していたBCPによって行動に迷いは生じませんでした。しかし、氾濫による交通機関の混乱で想定した以上に対策メンバーが集まらないことや、文字で記載されたマニュアルから必要な情報を探し出す大変さは想定外であり、大きな反省点となりました。

状況を視覚的に把握するツールとして、新QC7つ道具の中の過程決定計画図PDPC（Process Decision Program Chart）が有効です（**図2-1-10**）。過程決定計画図は、ある事象が時間経過と共に状況が変化する中で、想定される問題と対策を矢印で記載した視覚に訴えるフローチャートです。時事刻々と変化する情報をその場で追記するなど、判断材料を増やすことで判断の精度が向上します。策定時のポイントは、事前に事象を想定し、できるだけ多くの予見される問題を現場に近い人々から抽出することです。これらは、**事前に準備**しておき**定期的に見直す**仕組みをつくっておくことが不可欠です。

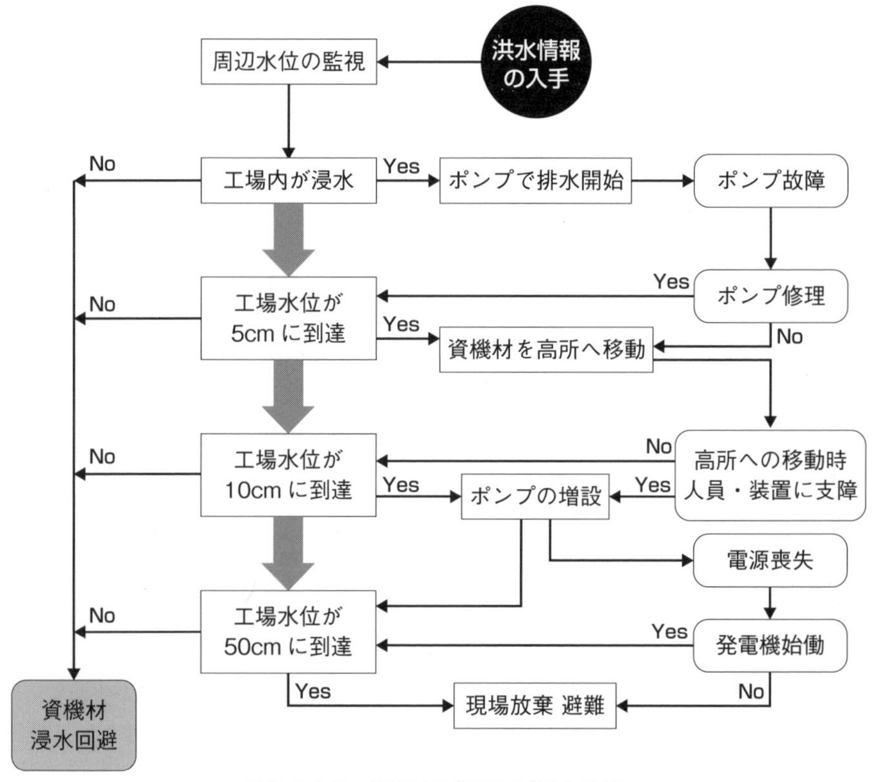

図2-1-10　過程決定計画図(洪水の例)

(5-2) トレードオフの考え方

リスクアセスメントの対策において、設計者として常に悩むことは、安全とコスト、安全と納期などのトレードオフです。この葛藤は大なり小なり経験があると思います。安全が第一優先という前提に立ち、私たちの経験からのヒントを以降に説明します。

前述のようなリスクアセスメントを実施し、最後に安全とコストがトレードオフになったとします。例えば地震による振動で配管に亀裂が入りやすい状況だとします。課題は配管の損傷対策です。対策では1.現在設備が稼働中で止められない（チャンスロスを招く）ことに加え、2.配管の交換には高額な費用が発生することが問題です。この場合、チャンスロスを低減し配管の交換費用を一定水準以下まで低減できれば、安全とコストのトレードオフは解消されます。この対策を考える際のヒントとして、**空間をずらす、時間をずらす**ことからイメージすると案が浮かびやすくなります（**図2-1-11**）。それでも対策案が浮かばないときは、第3の手法として別な何かを加えることが有効です。

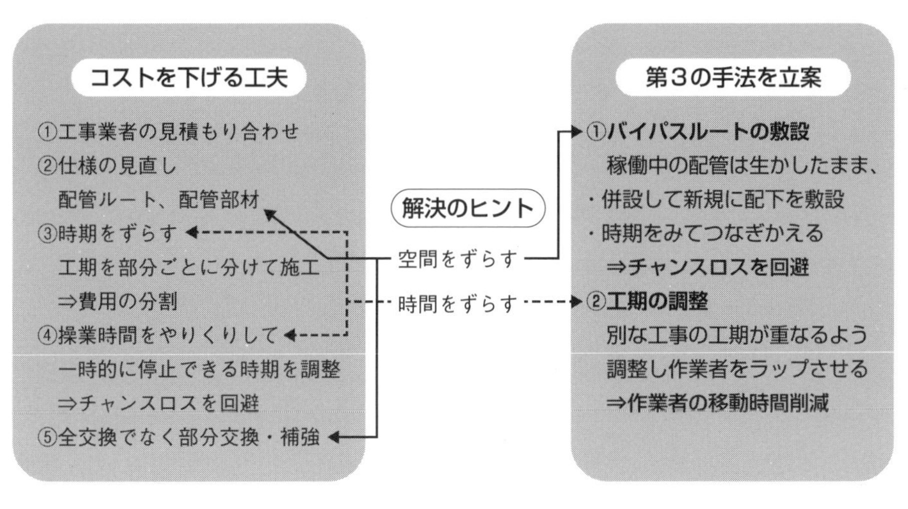

図2-1-11　トレードオフ解決のヒント

(6) IoT 、AIを使った変化の予見

IoT、AIなどを使用して周囲の環境、状況を検知し、大量のデータ（ビックデータ）をリアルタイムに比較・分析して、いち早く変化に気づくことができれば、先んじて対策を打つことができます。

リスクの検知という観点では、以下のような事例が実用に近づいています。

・気象情報、地形情報からの災害予測（IoTによる環境監視）

・災害時の救助要請、支援物資の要望（AIによるSNS分析等）

・機器・災害などの検知による異常予測と保全（IoTによる状態監視、GPSを使った監視・制御）
・歴史から学ぶ（AIによる人・モノ・金の動態分析と発生事象の予測）

今後、発生が危惧される首都直下型地震や南海トラフ地震などに対して、設計者としてやるべき備えは多々あります。しかし基本は、日常の安全意識の啓蒙やリスクアセスメントの継続的な実施にあります。私たち設計に携わる技術者は、現状の備えが環境や技術の変化に合致しているか客観的に捉える努力を惜しまず、また、新しい技術や知見を付加することで、より安全で安心な環境を実現できないか、日頃から意識することが大切です。

第2章	2	働き方改革と生産性の向上

2-2-1 労働生産性と働き方改革

(1) 労働生産性の向上が必要な理由

少子高齢化による労働人口の減少、慢性的な長時間労働と過労死の問題、生産効率の低さという社会的背景から、これまで就労とは関係がなかった人たちを含め、可能な限り多くの人たちに活躍の場を与え、"一億総活躍社会"という社会を実現することにより、経済成長を促進しようという試みが行われています。

① 労働人口の減少

"一億総活躍社会"を目指した取り組みを行う背景には、労働人口の劇的な減少があります。労働力の中核といわれる労働力人口（15歳以上65歳未満）は、1995年を境に増加から減少に転じており、今後、深刻な人手不足の状態になると予測されています。また、現在の人口の増減から推測すると2050年には総人口1億人以下、2105年には約4500万人まで減少すると見込まれています。さらに、高齢化率も2030年に32％、2040年に36％、2050年に39％と上昇を続けていくと予測されています。

② 常態化している長時間労働

日本では業種を問わず、国際的に見ても長時間労働が常態化しており、その就労環境は深刻な状況にあります。長時間労働はそれ自体が悪であるのみならず、「出生率」にも影響し、現状の少子化の一要因であるとも考えられています。また、日本の場合、いったん正規雇用の身分から職を失うと、再び正規雇用の身分を得にくく、一方で非正規雇用を選択すると、非正規雇用と正規雇用の給与格差が大きいため、生活基盤が不安定な状態になり、所属組織の意向に従わざるを得ないという状況に陥ります。

③ 低い労働生産性

"労働生産性"とは、生産過程における労働の効率のことで、労働者1人が1時間あたりに生み出す付加価値で表されます。日本の"労働生産性"は他の先進国に比べて低水準に留まっています。その要因として、日本の製造業は寸法公差、外観仕上げといった品質重視の傾向が強く、そのために必要な検査工程のため、労働生産性が犠牲になっていることが挙げられます。労働人口が減少する中、これ以上、労働が長時間化することを防ぐためにも、"労働生産性"を向上し、生産性を高めていく必要があります。

(2) 働き方改革の意識づけ

① 時間、場所の有効活用

働き方改革の目的は、労働人口が減少する中、①今まで就労工数としてカウントされなかった新たな就労者（高齢者、女性、外国人）に労働社会に参加、活躍してもらうことで人不足の問題を改善する、②テレワーク（在宅勤務、サテライト・オフィスの活用）により、時間、場所の制約を受けない状態にすることで就労者の時間の使い方を効率化する（**図2-2-1**）、③ワークバランスを考慮し、人間的な生活の質を落とすことなく、生産性を向上させることにあります。その実現のために、モノづくりの視点では以下のような点を工夫していくことが効果的です。

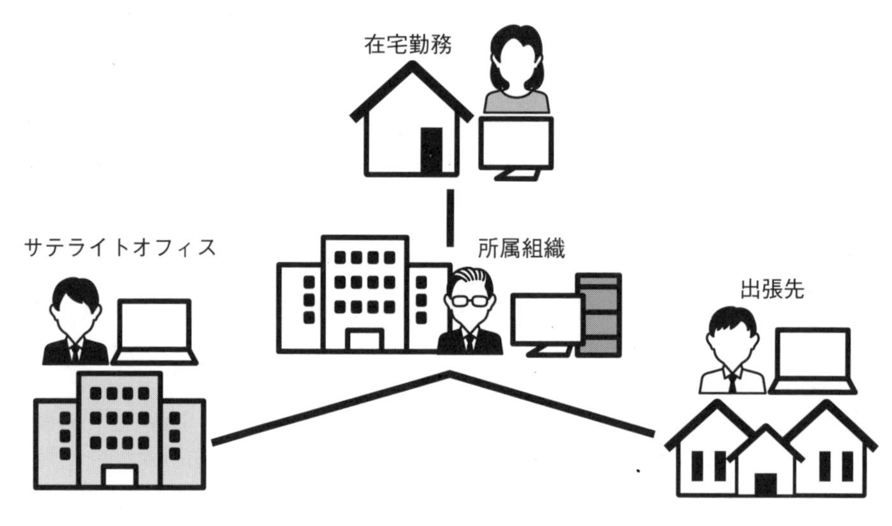

図2-2-1　テレワーク

② 新たな就労者（高齢者、女性、外国人）の参加、活躍

労働人口の減少に伴い、新たな就労者として高齢者、女性、外国人の参加、活躍が期待されています。高齢者の場合は、定年退職するまでにどのような過ごし方をしたかによって、働き方が変わると思われます。研究開発などの高度な専門性が要求されるような業務に従事していたか、もしくはルーチン化された簡易的な業務をしていたかといった違いです。高度な専門性を持った方々に関しては、その専門性を有効に活用できる場での就労が望まれます。高齢者の場合は、ルーチン化された業務の場合であっても、それが事務的な業務か、肉体的な業務かで考慮すべき点が異なります。

事務的な業務の場合は、日々進歩する事務処理ソフトの習熟、新しい機械装置の操作方法の習得などが支障になる場合があると考えられ、その習得のための教育の場を設ける必要があります。その際、VR（Virtual Reality）、AR（Augmented Reality）を活用した遠隔教育により、低コストで高い教育効果を期待できます。肉体的な業務の場合は、体力の衰えなどによる重量物の運搬などが支障になると考えられます。その場合、パワードウェア（身体的能力を補助、強化する構造体）などにより、肉体的な衰えを補い、生産現場の肉体労働に参加できると考えられます（**図2-2-2**）。

女性の場合も、高齢者と同様、研究開発などの高度な専門性が要求されるような業務に従事していたか、ルーチン化された業務しか経験がないかを考慮する必要があります。とくに、女性の場合は出産、子育てでやむなく働けないという場合もあります。安心して子供を預けて働けるような環境（託児所）の充実はもちろんのこと、家事代行業など、女性が働く際にネックとなっている諸事項を請け負う制度の充実も必要となります。

ここで、誤解を与えないように補足しますが、従来、ルーチン化された単純作業に従事していた人は継続してそのような業務に従事すべきであるということではありません。高度な専門性を要する業務に従事したいという希望があれば、そのような意思が尊重され、チャンスが与えられる仕組みづくりが生産効率の向上以上に重要になります。

外国人労働者の場合、とくに注意すべきことは、国ごとの文化の違いを理解しなければならないという点です。組織としての業務推進よりも、個人単位での業務推進を得意にしたり、時間管理が厳密でなかったり、仕事の質にばらつきがあったりと、国ごとにさまざまな考え方、特徴があります。これは国の違いというよりは、各個人に依存するところが大きいと思いますが、このような文化、考え方の違いを理解することが重要となります。

図2-2-2　パワードウェア

③ 単純業務と高度な業務の分類、および正当な処遇の算出

製造業は企画、設計、試作・評価、生産といった製造プロセスで、“モノづくり”を行っています。一般的に、新製品の製造プロセスには、新規機能の付与、性能の向上などを実現させるために新技術実現のための研究開発行為が伴います。その研究開発行為には高度な技術、知識、経験、および判断を必要とします。一方、その製造プロセスにおいては、高度な技術力は要求されない、完全にルーチン化された業務も多く存在します。設計における既存製品に対する形状修正などのトレース、試作・評価における部品や資材の購入手配、発注、および機械特性の評価試験・計測などがそれにあたります。

生産効率全体を向上させるためには、どの業務で高度な技術が必要とされるか、それにどのくらいの人的な工数が必要かを見積もり、また、どの業務がルーチン化されているか、もしくはできるかを算出する必要があります。さらに、社員の個々人の技術、能力、工数を明確にし、これらを総合的に判断して、組織全体の人的リソースを明確にする必要があります。一方で固定費の増加を回避するため、外部組織を活用するという選択もあります。ルーチン化された業務についても同様、その業務工数全体をこなすのに足る組織になっているかといったことを明確にする必要があります。

このように適切に分業を行い、役割と責任をはっきりさせ、その業務に注力できるような環境をつくることが重要です。その際、業務内容の難易度や技術水準の高さに応じて、明確な業務単価を設定し、正当な処遇を行うことでモチベーションの向上に寄与する仕組みを整えます。

ここで注意すべきは、全ての業務が製造プロセスを成立させるために必須であり、その内容に上下、優劣があるわけでもないということです。あくまでも各人が持つ得意分野を最大限に活かすという点が重要であることを忘れてはいけません。

④ スポット的人材活用、および組織横断型の人材活用

日本企業は従来、1つの企業に属し、定年までその会社に尽くすという考え方が一般的でした。それは、日本企業が右肩上がりに成長し、社員に対して“終身雇用”、“年功序列”を保証していたからです。しかしながら、労働人口が減少する中、今後は労働者の働き方のスタイルが大きく変わっていくと考えられます。限られた労働人口で生産性を向上させるためには、どのような人材活用が効果的なのか、考える必要があります。

テレワークが普及し始めるなど、仕事を行う際、時間的な制約、場所的な制約が取り払われつつあります。また、フレックスタイム制を導入する企業も増え、労働の開始時間、終了時間、総労働時間をコントロールすることができるようになり、時間的な効率が向上しています。

スポット的な時間活用としては、有給休暇を時間単位で取得できるというのも効果的でしょう。有給休暇のみならず、時間単位の出勤、退勤を認めることで、細切

れ時間を最大限に活用することができます。

スポット的な人材活用としては、スポットコンサルという形態のサービスがあります。これは、様々な分野、業界が抱えている課題に対して、その課題解決に必要な専門的な知識を有した人材がスポット的にコンサルを行い、報酬を得るというシステムです。企業での就労を通じて、様々な人が多種多様な経験をし、そこから多くの知見を得ています。今所属している会社では活きない知見ではあるが、社外ではその知見を必要としているという場面において、それら“需要”と“供給”をマッチングさせることで生産効率を向上することができます。

また、多くの企業において、副業を解禁する動きが見られますが、この流れに乗り、必要とされる“知見”の有効活用が望まれます。さらに、副業解禁の流れを受け、将来のワークスタイルは、これまでの一社に属するという縦串型の就労ではなく、複数の企業に属し、個々人の強みを発揮していくような横串型（組織横断型）の就労も一般的になっていくことが予想されます。その1つのスタイルとしてフリーエンジニアという働き方もあるかもしれません。これらの実現のためには、高い技術力を有しているエンジニアに対して、社会的地位の向上、正当な処遇といった社会基盤の整備を推進していく必要があります。

2-2-2　労働力の確保と設計者の心構え

(1) 人手不足の背景

私たちは今、国境を越えてめまぐるしく変化する社会の中で、様々な背景を持った人々といかに共存・繁栄していくかが問われています。そのような中、設計に携わる技術者はどうやって社会に貢献したら良いでしょうか？本章では、私たちが日ごろ実感する人手不足と少子高齢化、外国人労働者との関連について説明し、そこから設計に携わる技術者としての心構えを考察します。

まず、我が国が直面している少子高齢化について考察します。**図2-2-3**は年齢別人口の推移ですが、このグラフから労働生産人口（15～64歳までの人口）が減少し、65歳以上の割合が上昇する傾向がわかります。身の回りでも人手不足を実感する場面があるのではないでしょうか。2060年には2020年比で労働生産人口が約40%減少し、65歳以上の高齢者は約20%増加します。数にして約2,000万人もの労働力が減少することになります。

労働生産人口減少の要因の1つに、少子化による人口減が挙げられます。この傾向は、日本だけでなく韓国や中国といった国もスピードこそ違うものの状況は同じです。世界的に労働者の奪い合いが起こり始めているのです。

ではなぜ人手不足が問題なのかについて考えてみます。我が国は資本主義国家ですから、労働者は働いた分に見合ったお金を得て、生活に必要なモノ・サービスを買うために消費・貯蓄・投資をして、絶えずお金が循環しています。これはマクロ経済学でいう3つの市場（労働市場、財市場、貨幣市場）で説明されます。この3つの市場がバランスを取り合って拡大することで経済が成長し、豊かで実りある生活が実現すると考えられています。モノづくり国家である我が国にとって経済成長

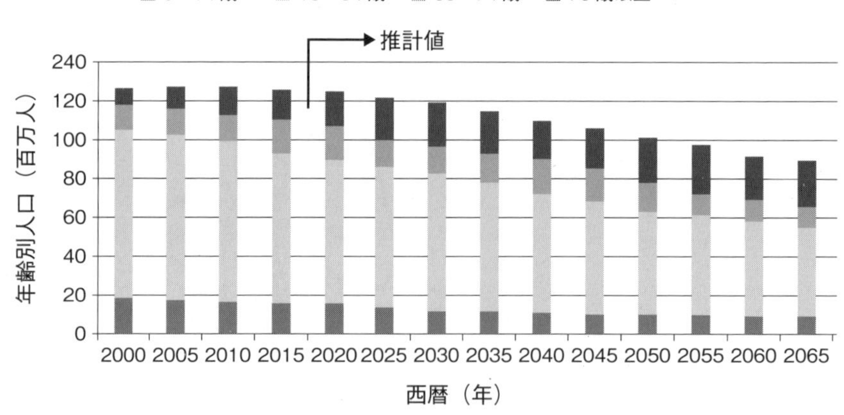

図2-2-3　年齢別人口の推移（出典:「中小企業白書2018」をもとに編集）

を担うのは主に企業です。労働力が確保できなければ企業の生産は停滞し、結果として経済も縮小していきます。したがって、今ある労働力の生産性を高める努力が欠かせません。つまり、モノをつくり・サービスを提供し、それを消費する資本主義経済を拡大するためには**労働力の確保**と**生産性向上**の2つが重要なのです。これは日本にとって危機感を持って取り組むべき、喫緊の重要課題です。

(2) 外国人労働者と移民・難民

現在日本で働く外国人労働者は、2017年に127.9万人に達し、2012年の約倍の人数になっています（**図2-2-4**）。外国人労働者は日本の全就業者数の約2%を占めるまで増加しましたが、我が国の労働生産人口の減少分を補うほどではありません。一方、政治、宗教、人種、文化摩擦といったことに起因して紛争が起こっている地域では、私たちの日々の生活からは想像もできないような厳しい状況の中で、移民・難民という形で自国を離れる人々がいます。厳密な定義はありませんが、**移民は**移住の理由や法的地位に関係なく、出身国を変更した人々を指し、**難民は**迫害のおそれ、紛争、暴力の蔓延など、公共の秩序を著しく混乱されることによって、国際的な保護の必要性を生じさせる状況を理由に、出身国を逃れた人々を指します（出典：国際連合広報センター）。このような境遇の人々も、外国人労働者として私たちと共に働く機会があるかもしれません。

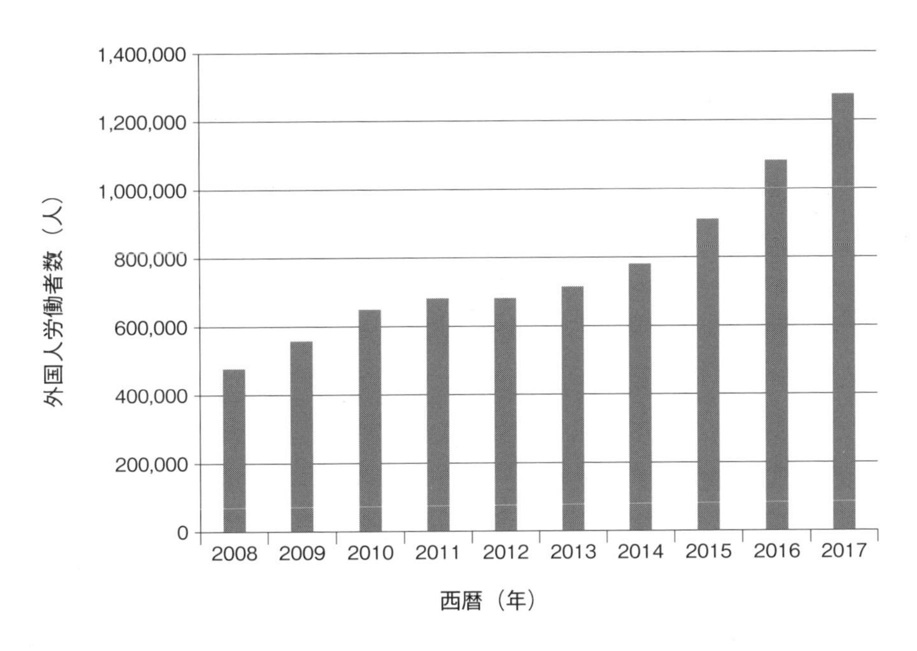

図2-2-4　外国人労働者数の推移（出典:「中小企業白書2018」をもとに編集）

(3) 政府の施策

我が国政府は人手不足に対して手をこまねいているわけではありません。基本的な施策として、①少子化対策、②女性の活躍、③外国人労働者の増加、を挙げて対策を急いでいます。本章では③について概説します。

政府は、外国人労働者の増加に対する施策として2019年4月に入管難民法を改正し、新たな在留資格を創設しました（図2-2-5）。これにより2025年までに外国人労働者を50万人以上増やすことを目標にしています。新たな在留資格を得る方法は2通りのルートがあり、①従来の技能実習生制度を経て、特定技能1号に認定されるルート、もう1つは②認定試験に合格し日本語能力が一定水準以上と確認できれば認定されるルートです。この施策は留学生も対象です。

技能実習生の卒業後の主な就職先は、製造、建設、小売で、留学生の就職先は宿泊、飲食、小売、製造であり、まさに人手不足が深刻化している業種に重なります。彼らは我々と同じように、働き手として、モノをつくり・サービスを提供し、消費する人々として経済発展を担うことが期待されています。

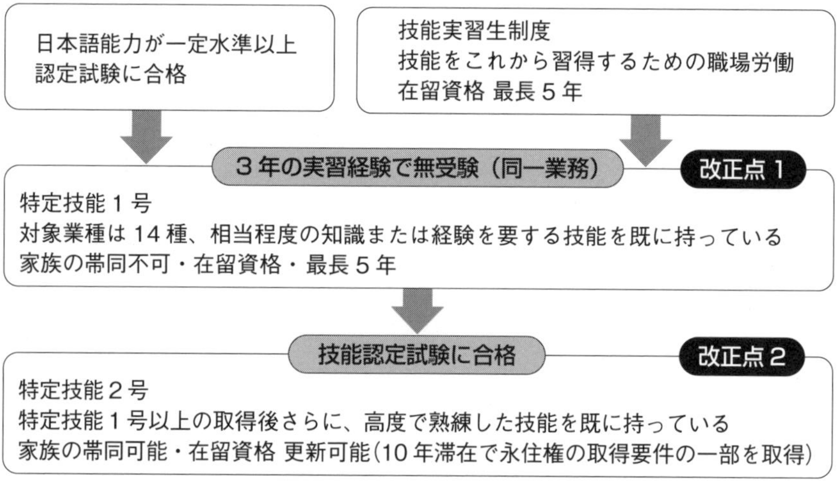

日本語能力が一定水準以上
認定試験に合格

技能実習生制度
技能をこれから習得するための職場労働
在留資格 最長5年

3年の実習経験で無受験（同一業務）　改正点1

特定技能1号
対象業種は14種、相当程度の知識または経験を要する技能を既に持っている
家族の帯同不可・在留資格・最長5年

技能認定試験に合格　改正点2

特定技能2号
特定技能1号以上の取得後さらに、高度で熟練した技能を既に持っている
家族の帯同可能・在留資格 更新可能（10年滞在で永住権の取得要件の一部を取得）

図2-2-5　入管難民法の改正による新たな在留資格

(4) 持続可能な開発目標 SDGs

持続可能な開発目標SDGs（Sustainable Development Goals）は2015年9月の国連サミットにおいて全会一致で採択されました。「誰一人取り残さない」をスローガンに持続可能で多様性と包摂性のある社会の実現のため，2030年を年限とする17の国際目標が掲げられています。各国はSDGsの取り組みにより創出する市場・雇用によって、経済の持続的な成長を期待しています。

外国人労働者に関連する目標は4.教育、8.雇用が該当します。私たちは外国人労働者を受け入れる側として、人身取引、不法滞在、労働者の人権侵害、賃金格差など、国際情勢と歩調を合わせながら配慮すること忘れてはいけません。

(5) 設計に携わる技術者としての心構え

今後ますます増えると予想される外国人労働者に対して、私たちは、企業あるいは地域においてどのように向き合えばよいでしょうか？さまざまな切り口が考えられますが、忘れてはならない大前提があります。それは、労働者は国籍を問わず“人”であるということです。当たり前のことですが、自分と同じ様に心を持った人なのです。ただ違う点を列挙すれば、文化、生活習慣、言語、宗教人種、国籍、性別、年齢など数え上げれば多数見つかるはずです。設計の切り口でしばしば問題になるのは、お互いの文化的背景を基にした考え方の違いです。著者はその対処方法として3つの力が必要と考えています。

①違いに気づく観察力　②違いを認める包容力　③共に歩み育む適応力

違いは個性と考え、多様性を認めてお互いの良さを引き出せれば、物事は良い方向に向かうはずです。これは言い換えればダイバーシティの実現です。以下に、3つの力について具体的に記載します。

① 違いに気づく観察力

私たちは育ってきた文化が違います。文化が違えば価値観が違います。例えば、時間、金銭、味覚、約束事、職制・階級、などです。私たちは日本という国の文化の中で育ってきたので、彼らの言動にあっと驚く瞬間があるかもしれません。また、国によって法律が違います。法律は人として最低限守らなければならないルールです。そしてそのルールを取り巻く形でモラルが存在します。モラルは、倫理やマナー、理性、思いやりと置き換えると理解が容易です。

根底にある違い
・文化、生活習慣、言語、宗教人種、国籍、言語
・法律・モラル(倫理・マナー)：民法、刑法、輸出管理、知的財産
・工業規格、知的財産、教育

② 違いを認める包容力

私たちは個人の力では到底できないことも組織としてならやり遂げることができます。組織は個々人の強み・弱みを補うつなぎの役目をします。これは組織がもつ包容力です。アメリカの経済学者チェスター・バーナードは組織が成立するための3つの条件を挙げています。「共通の目的」、「協働の意欲」、「コミュニケーション」

です。それらが有機的に結びつくことで組織が維持・発展していきます。外国人労働者はどんな目的を持って働いているのでしょうか？　名誉、金銭、自己実現などあるでしょうが、設計という観点ではQCD-ESを具体化するが共通の目的でしょう。また、協働の意欲とはモチベーションのことです。私たちは何によってやる気を出すでしょうか？顕在化していないモチベーションを引き出すために、私たちは教育体制や報酬制度、労働時間管理など、組織としての枠組みを整備する必要があります。

③ コミュニケーション

外国人とコミュニケーションを取ることの第一歩は笑顔です。表情や態度は言葉を超えます。次に言葉です。設計者としては、国際語である英語は意思疎通ができる最低限のレベルは身につけておく方がよいでしょう。英語は聞く、話す、読む、書く、の4つのスキルが必要です。しかし、流暢である必要はなく、日常会話に加えて設計に関する思想や考え方などを相手に伝えられる基礎力が必要です。そのためには日常から継続した訓練が必要です。

一方、現代は様々な便利なツールが存在します。設計に関するツールとしては、視覚に訴える3次元CAD、VR/ARなどがあり、上手に取り入れればコミュニケーションを取る際の強力な武器になります。私たち設計者は、日々アンテナを張って新しいツールに興味を抱き、まずは使ってみることが大切です。

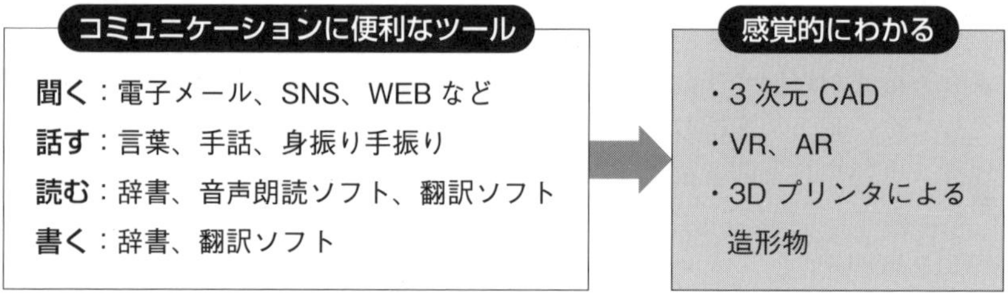

コミュニケーションに便利なツール

聞く：電子メール、SNS、WEBなど
話す：言葉、手話、身振り手振り
読む：辞書、音声朗読ソフト、翻訳ソフト
書く：辞書、翻訳ソフト

→

感覚的にわかる

・3次元CAD
・VR、AR
・3Dプリンタによる造形物

本章では外国人労働者について我が国の現状から国内外の施策、設計者としての心構えを考察してきました。外国人労働者と実際に仕事をする中で、今までより少しアンテナを高くしてお互いを客観視することで、さまざまなことに気づきがあるはずです。納得できるまで話し合い、相互に理解を深めることで信頼が生まれ、より良い設計のアウトプットへとつながることを期待しています。

2-2-3　バリューチェーンのグローバル化対応

(1) バリューチェーン（Value Chain）とは

バリューチェーンは、ハーバード・ビジネススクールのマイケル・E・ポーター氏が著書「競争優位の戦略」の中で提唱した言葉で、日本語では価値連鎖と訳されます。企業活動全体を俯瞰しながら戦略を考える際に有効な、フレームワークの一種です。ポーターはバリューチェーンを主活動と支援活動の2つの活動に分けました。モノづくりを主とする企業が、何を作るか検討し、必要な材料を購買、製造、流通、販売・サービスを提供する**主活動**と、それらの主活動を成り立たせるための連結機能としてのインフラ、人材、技術、調達活動を担う**支援活動**です。企業は付加価値を付けて、モノやサービスを継続的に提供することで社会に貢献しています。自社の得意分野と不得意分野を把握しつつ、モノづくりの中のどのステージで、どのような付加価値を付けて差別化を図るかを視覚的に考察するのに便利な考え方です（**図2-2-6**）

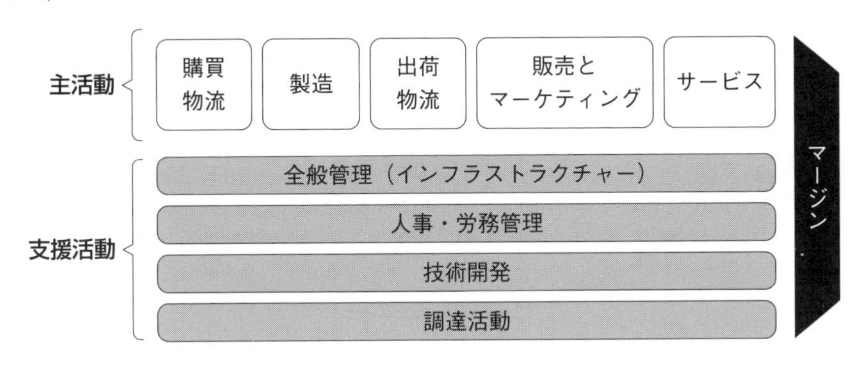

図2-2-6　バリューチェーンの概念図

付加価値のあるものを社会に提供するとき、すべて自前でつくりこむことは品質、コスト、時間を考えた場合、効率的とはいえません。料理にたとえると、自分で野菜を育て、電気やガスをつくり、調味料をつくり・・・と非効率的です。

そこで、それぞれが得意な分野に特化して、分業して生産すれば、効率性はもとより、付加価値を向上させられるのではないかという発想が生まれます。人と同じことをしても差を生むことはできませんから、より効率的、かつ、付加価値を向上させるためには、バリューチェーンのどこに注力し、どこを抑制するかといった**差別化戦略**が必要になります。

従来、我が国において付加価値が高く差別化ができたのは製造・組立工程でした。しかし、アジア圏を中心とした豊富な労働力と技術力の向上によって、価格・開発競争の波を受け優位差が縮まっていきました。その後、製造・組立は海外で行い、国内ではより付加価値の高い工程に注力するような海外進出が増加しました。さらに、瞬時に情報交換できるインターネット等のICTの進展は、モノづくりの地理的な隔たりを解消し、海外進出を後押ししました。

図2-2-7のように、製造・組立工程の付加価値が低い様子は、グラフが下に凸になり笑っている口の形に見えることから、スマイルカーブといいます。一方、従来のスマイルカーブは上に凸になるため逆スマイルカーブといいます。逆スマイルカーブは、グローバル化の進展とともにスマイルカーブへと移行しました。現在では、より高い付加価値を求めてバリューチェーンを細分化して、工程毎に最適な地域や労働者を選択する動きが加速しています。このように海外を巻き込んだバリューチェーンの構築をグローバルバリューチェーンGVC（Global Value Chain）といい、ますます広がりを見せています。

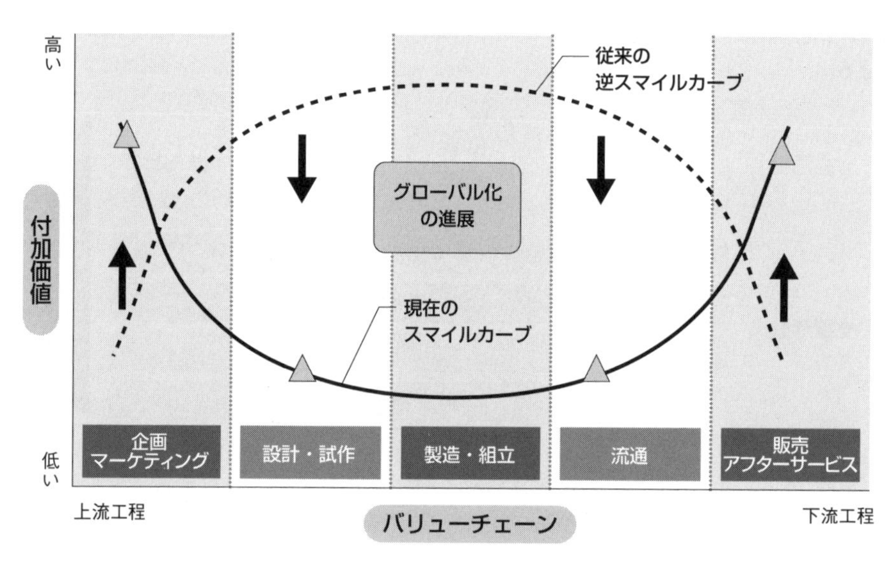

図2-2-7　バリューチェーンとスマイルカーブの変遷

(2) 世界の動向

(2-1) 経済連携

バリューチェーンの中で付加価値を高めるためには、より多くの企業、インフラ、人材、技術、資金を巻き込んで戦略立案の選択肢を増やしていくことが得策です。この考え方は急速に国際的な広がりを見せています。2018年12月にTPP（環太平洋経済協力会議）が発効されました。これはバリューチェーンの中の、購買物流と販売に関連し、締約国間の貿易関税を撤廃することでビジネスを有利に進めるための構想です。関税撤廃のような貿易上の障壁の除去だけでなく、知的財産、人的資源、投資、文化交流や電子商取引のルールづくりなど多く枠組みが議論されています。**図2-2-8**は日本の経済連携協定としてEPA／FTAをすでに発行済・署名済あるいは現在交渉中の国や地域を示しています。国策ともいえる経済連携の仕組みは、複雑に絡み合った状態ですが、企業としてのメリット・デメリットを考慮し、積極的に活用することが有効です。

・EPA：Economic Partnership Agreement（経済連携協定）

・FTA：Free Trade Agreement（自由貿易協定）

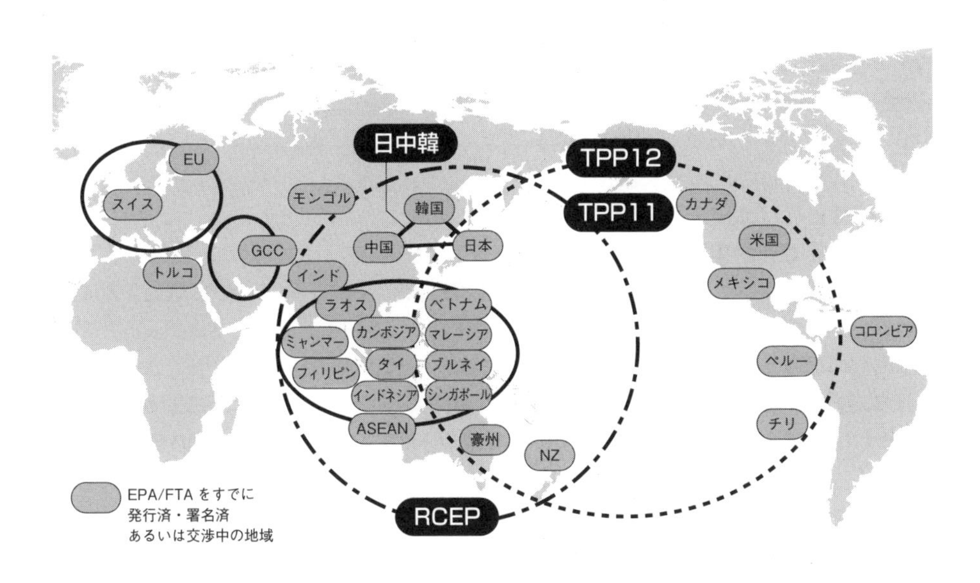

図2-2-8　我が国の経済連携協定の取組（出典:外務省資料を編集）

(2-2) 国際標準

国際的に広がりを見せるバリューチェーンの中で、モノやサービスを取引する場合に、何を基準にして品質を判断したらよいでしょうか？　そのよりどころになるのが国際標準です。国際標準化機構ISO（International for Standardization）が取りまとめをしています。

一定の水準・管理下のもとで生産し“工程を保証”することで、それに則って生産されたモノやサービスは安定して良品ができ、品質が保証されるという考え方です。外国の企業や技術者と意思疎通を図る際に、円滑かつ信頼を得るためには国際標準に準拠していることが1つの判断材料になります。

モノづくりに関連する国際標準は、従来は製造業の基盤的内容が中心でしたが、現在は社会システムへと拡大しています(**表2-2-1**)。

表2-2-1　モノづくりに関連する国際標準

製造業の基盤的内容

- ・ISO　9000シリーズ　品質マネジメント
- ・ISO　14000シリーズ　環境マネジメント
- ・ISO　50001　エネルギーマネジメント
- ・ISO　27001 セキュリティーマネジメント(ISMS認証)

社会システム

- ・ISO　26000　企業の社会的責任(CSR)
- ・ISO　20400　持続可能な調達
- ・ISO　37001　贈収賄防止マネジメント
- ・ISO　19600　コンプライアンス(組織ガバナンス)

(3) 設計とバリューチェーンの関わり

(3-1) 世界で通用する設計図面の書き方

私たちが設計した図面が、国際標準に則った表記であるか、改めて確認が必要です。というのも、旧JIS規格（日本工業規格Japanese Industrial Standards）の表記が日本国内では高い頻度で使われているからです。諸外国との取引では、認識の違いに起因したトラブルに発展することも考えられます。それらを踏まえ、ISOと連携する形で2016年にJISの製図に関する規格JIS B0420-1「製品の幾何特性仕様GPS（Geometrical Product Specification)」が改定されました。この改定で、従来の寸法公差と並列する形で幾何公差の規定が付加されました。

単位に関しても、旧JIS表記を多く見かけます。例えば力の単位kgfです。1kgfとは、1kgの質量の物体が、重力加速度Gを受けたときの力という意味で、直観的にわかりやすいのでつい使ってしまいますが、ISO1000に定められている国際単位系SI（仏Système International d'unités）ではN（ニュートン）です。そのほかにも慣習的に旧JISを使っている場面が多々あります（**表2-2-2**）。国外で取り交わす図面や文書では、国際単位系SIを使用することが基本です。ただし、日本国内と同じように、相手国も慣習的に自国の単位系を使用している場合もあるため、誤認がないように、相互の注意喚起が必要です。

表2-2-2　旧JISが使われている例

組立量	記号	SI基本単位	旧JIS表記
力	N	$m \cdot kg \cdot s^{-2}$	kgf
圧力	Pa	$m^{-1} \cdot kg \cdot s^{-2}$	kgf/cm^2
トルク	N·m	$m^2 \cdot kg \cdot s^{-2}$	kgf·m
エネルギー	J	$m^2 \cdot kg \cdot s^{-2}$	KW·h
仕事率	W	$m^2 \cdot kg \cdot s^{-3}$	kcal/h

(3-2) 法律の順守と倫理・モラル

国際的に広がりを見せるグローバルチェーンの中で、何らかの支障がでると前後の工程に影響が出ます。例えば、昨今ニュースで聞くことが多くなった不正や偽装などです。付加価値を最大化するためにバリューチェーンを細分化して、国境を越えて流通しているため、わずか1つの部品の不正や偽装でも、グローバルかつ連鎖的に拡大します。不正や偽装の原因が過失か意図的かに拘らず、企業イメージの低下をもたらし、不買運動や株価の低下をも生み出します。国内・国際法規を順守することは最低限のレベルです（**表2-2-3**）。

表2-2-3　設計に関連する国内法規の分類

外為・輸出	知的財産	製造物責任（Products Liability）
土木・建築	契約・秘密保持	環境・エネルギー

法律でカバーしきれないグレーゾーンにおいて、判断の基準になるのが倫理・モラルです。企業では就業規則や社内標準といったルール以外に、モラルの向上を目的とした取組もあるのではないでしょうか。

私たち設計に携わる技術者が判断に迷った際は、日本技術士会の技術士倫理綱領（**表2-2-4**）などが参考になります。

表2-2-4　技術士倫理綱領（出典：日本技術士会）

	分類	詳細説明
1	公衆の利益の優先	技術士は、公衆の安全、健康及び福利を最優先に考慮する。
2	持続可能性の確保	技術士は、地球環境の保全等、将来世代にわたる社会の持続可能性の確保に努める。
3	有能性の重視	技術士は、自分の力量が及ぶ範囲の業務を行い、確信のない業務には携わらない。
4	真実性の確保	技術士は、報告、説明又は発表を、客観的でかつ事実に基づいた情報を用いて行う。
5	公正かつ誠実な履行	技術士は、公正な分析と判断に基づき、託された業務を誠実に履行する。
6	秘密の保持	技術士は、業務上知りえた秘密を、正当な理由がなく他に漏らしたり、転用したりしない。
7	信用の保持	技術士は、品位を保持し、欺瞞的な行為、不当な報酬の授受等、信用を失うような行為をしない。
8	相互の協力	技術士は、相互に信頼し、相手の立場を尊重して協力するように努める。
9	法令の遵守等	技術士は、業務の対象となる地域の法規を尊重し、文化的価値を尊重する。
10	継続研鑽	技術士は、常に専門技術の力量並びに技術と社会が接する領域の知識を高めるとともに、人材育成に努める。

(4) これからのグローバル化

バリューチェーンの中で、モノやサービスを生み出す工程は上流から下流へ順番に流れます。一方、何か欲しい、何をつくるかといったマーケティングに関連する情報は下流に位置する市場に存在するため、下流から上流へと逆行して流れます。つまり、モノ・サービスを生み出す工程と情報の流れは逆になるのです。情報は現代の石油ともいわれ、いち早く市場のニーズを拾い、いかに戦略判断に生かすかが重要です。

一方、企業がグローバル化したバリューチェーンを今以上に活用できるかは、IoT 、AIを中心としたICT技術の活用がポイントになります。後述の3章1-1項とも関連しますが、以降は、成長が目覚ましいIoT 、AIから得られる情報が、バリューチェーンにどのように影響するか考察します。

① データ取得（瞬時・同時性）

生活のあらゆるところにセンサやカメラが普及し、いままで見過ごされてきた現象をデータとして収集できるようになります。そのデータはインターネットを通して場所の制約を受けずに瞬時に遠距離まで伝達することが可能です。

② データ処理（統計）

コンピュータの計算速度は格段に向上しており、取得したデータを時系列、場所ごとなど、系統立てて分類・計算する多変量解析は、スピードや容量が急速に向上しています。計算・解析と同時にグラフで視覚化することも可能です。

③ データ予測（予測アルゴリズム）

コンビニのPOSシステム（Points Of Sales）は、顧客の購買データを収集・分析し、売れている商品を抽出しタイムリーに発注することが可能です。また、過去・現在の販売データを解析し、将来の販売計画・発注を予測するシステムへと発展しています。

④ トレーサビリティ、セキュリティ

国際標準の流れを受け、製造したものが経てきた工程を保証することが重要になります。その際、個々のものに対してロットナンバーやバーコードを付与して、生産の過去、現在、未来に渡って工程や材料といった情報を紐付けし、成り立ちを明確にします。

計量法ではモノの寸法や重量を原器と照らし合わせて相違ないと紐付ける体系があります。この仕組みと同様に、ロットナンバーやバーコードに正確に紐付けすることで、どの時点でどのような判断をして生産されたのかを遡って調査できる体系をつくります。

ロットナンバーの管理をQ、C、Dとの関連で考えると、Qは製造過程の材料、工程、条件などを紐付けすることで不正や偽装がないか把握が可能です。Cは生産工程だけでなく、購買、輸送も含めて無駄なく効率的な調達ができているか解析す

るのに役立ちます。たとえば、POSシステムやトヨタにおけるJIT（Just In Time）などに応用できます。Dは生産におけるスピードと解釈すると、どの生産工程にモノがあり、どこで停滞しているかが数値化できるため、モノづくりにおけるリードタイムの管理に結びつけることが可能です。

このようにモノに紐付けされた情報は、使い方次第で様々な効用を生み出します。

⑤ ルールづくり

IoTの進展により、莫大な情報を簡単に収集できるようになります。しかし、増え続ける情報の一方で、真偽、取得方法の公正さなど、取り締まる仕組み作りは遅れているといわざるをえません。これを受けWTO（World Trade Organization：世界貿易機関）は情報の収集・流通に関してのルールづくりに着手しました。2019年に開催されたダボス会議（スイスの世界経済フォーラム年次総会）では、日本が世界規模のルールづくりに関して提唱しました。

最後に、グローバル化は良いことばかりではありません。グローバル化の負の側面として、格差（人種、地域、高齢化）、デジタルデバイド、セキュリティ（情報漏えい）など、グローバル化の流れの外にある人々がいることにも目を向ける必要があります。

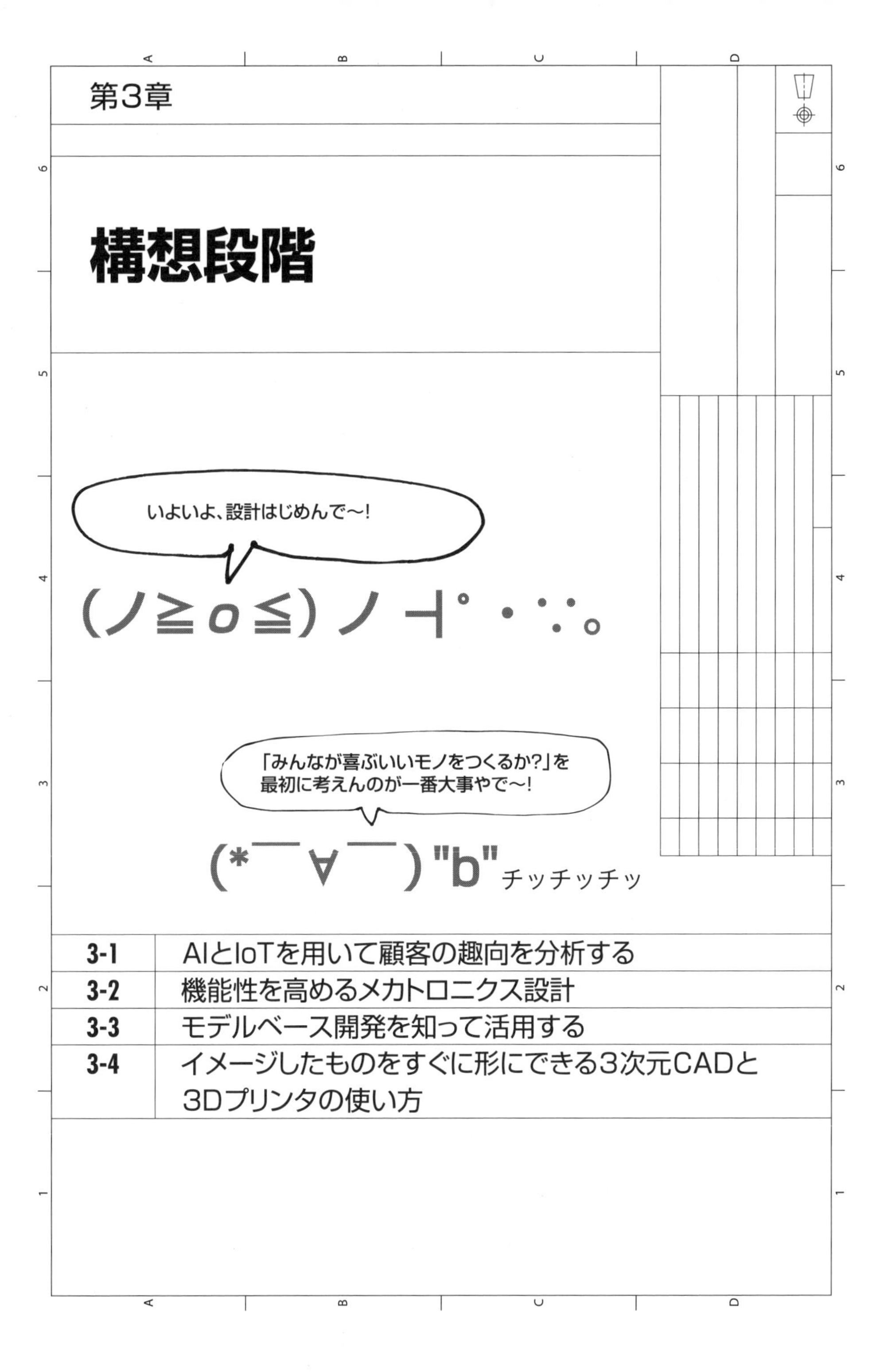

第3章

構想段階

いよいよ、設計はじめんで〜!
(ノ≧o≦)ノ ┫゜・∵。
「みんなが喜ぶいいモノをつくるか?」を
最初に考えんのが一番大事やで〜!
(*￣∀￣)"b"チッチッチッ

第3章	1	AIとIoTを用いて 顧客の趣向を分析する

製品開発の第１歩として重要なのは、「顧客が本質的にどのような機能の製品を求めているか？」でしょう。それを知る手段として、昨今、AIやIoTが注目されています。昨今の経済・工業新聞やネットのニュースで、「AI」や「IoT」を有効活用したニーズ把握・顧客開拓の取り組みが紹介されない日はないくらいです。

それでは、「AI」と「IoT」とは、そもそもどのようなものなのでしょうか？「AI」、「IoT」という言葉だけが先行し、その実態は意外に理解されていないのではないでしょうか？まず、「AI」、「IoT」の定義や成り立ちとその関係性について説明します。

3-1-1	AIとIoTの定義と関係性

(1) AI (Artificial Intelligence：人工知能)

「AI」という言葉は、1956年にアメリカのダートマス大学で開かれた研究集会で提唱されました。しかし、学術的に確立した定義はありません。私たちなりに解釈すると、「機械（コンピュータ）があたかも人間のように見たり、聞いたり、話したり、動いたりする技術の「頭脳」となる部分」だと思っています。

(2) IoT (Internet of Things：モノのインターネット)

IoTという言葉を初めて使ったのは、1999年、マサチューセッツ工科大学のAuto IDセンター共同創始者であるケビン・アシュトン氏とされています。当時はRFID（電波を用いてRadio Frequency：“電磁界や電波などを用いた近距離の無線通信”のタグのデータを非接触で読み書きするシステム）による商品管理システムをインターネットに例えたものでした。それから約20年、センサやデバイスなどの機器の技術向上とコストダウンに加え、爆発的なインターネット・スマートフォンの普及によって、さまざまな計測機器・サービス機器とインターネットがつながるようになり、「自動運転」「交通管制」「物流」「医療分野」「製品の保全」などに必要な情報が集められるようになりました。いってみれば、AIが「頭脳」なら、IoTは、「頭脳」に勉強をさせるための「情報（世間では“ビッグデータ”と呼ばれている）」だと私たちは理解しています。

私たちが考える「AI」と「IoT」の関係は、**図3-1-1**のようになります。

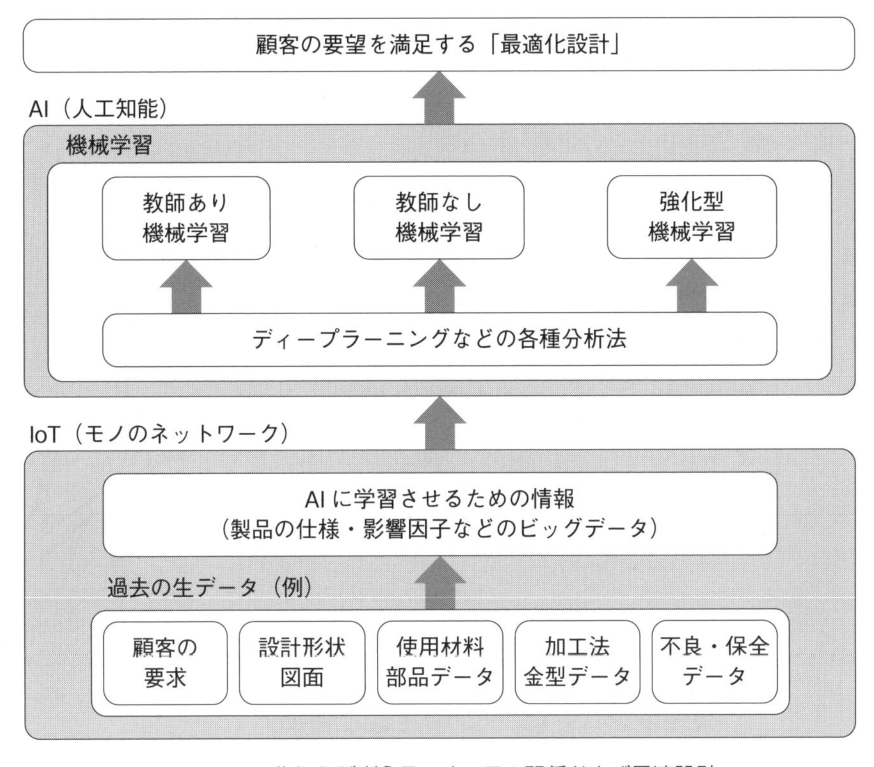

図3-1-1　私たちが考えるAIとIoTの関係および最適設計

「AI」と「IoT」は
うまく組み合わせて
使わなあかんのやなぁ！

IoTでキーになるのは、いろいろな「計測結果」に影響を及ぼす「因子」が何かを考慮しておくことです。例えば、ある地域で商品Aが売れる理由（因子）は、「地域の特性」「年齢層」「温度・湿度」などです。「計測結果」と「計測結果に影響を与える因子」の関連性をいかに多くAIに学習させるかが最適設計のカギになると思います。

また、AIのベースには、「機械学習」があり、「教師あり機械学習」「教師なし機械学習」「強化型機械学習」の3種類があります。そして、機械学習のベースとなるのが、AI実用化の立役者となったといわれている「ニューラルネットワーク：Neural Network（NN）」「ディープラーニング：Deep Learning（深層学習）」と、各種統計学的な分析法の進化でしょう。それでは、AIの土台となる下記の項目を学習しましょう。

・機械学習（3パターンの定義と特徴）

・ニューラルネットワークとディープラーニング、および各種統計学的分析手法（ここでは、「顧客の要求を知るための分析法」を中心に紹介します。）

ディープラーニングの「ディープ」とは「深層」と訳されとるが、「ニューラルネットワーク」（ヒトの脳を人工的に模擬しようとしたもの）の階層を多くしたものになるんやで！

3-1-2 機械学習（3パターンの定義と特徴）

機械学習には、前述の通り、「教師あり機械学習」「教師なし機械学習」「強化型機械学習」の3つがあります。簡単ではありますが、それぞれの定義と特徴を説明します。

（1）教師あり機械学習

教師あり機械学習は、結果や正解にあたる「教師データ」が与えられるタイプの機械学習です。例を図3-1-2に示します。

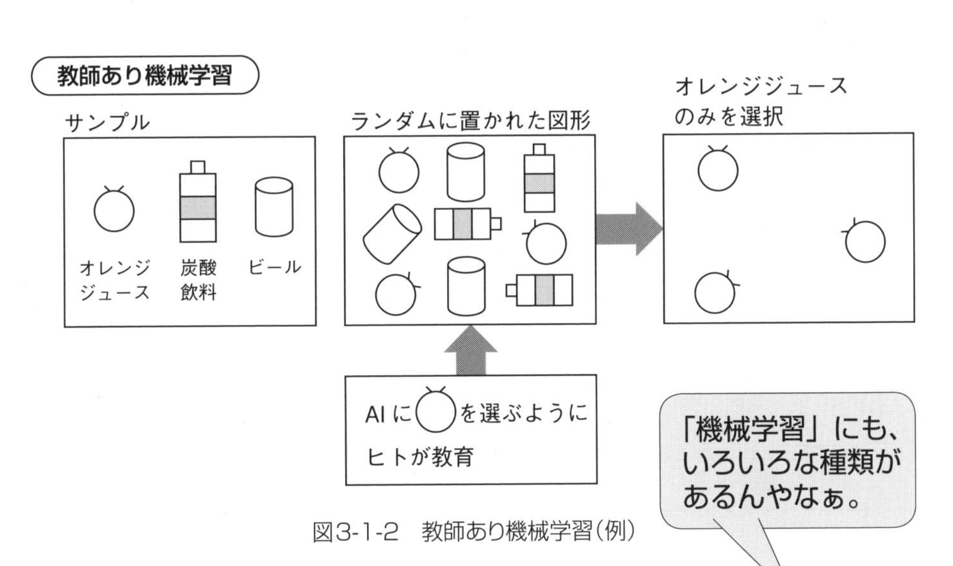

図3-1-2　教師あり機械学習（例）

(2) 教師なし機械学習

教師なし機械学習は、値そのものに正解・不正解の判断は行わず、「形状、色合い、各箇所の値」などのさまざまな特徴を機械自身がとらえ、データのグループ分けや情報の要約を行います。例を次ページの**図3-1-3**に示します。

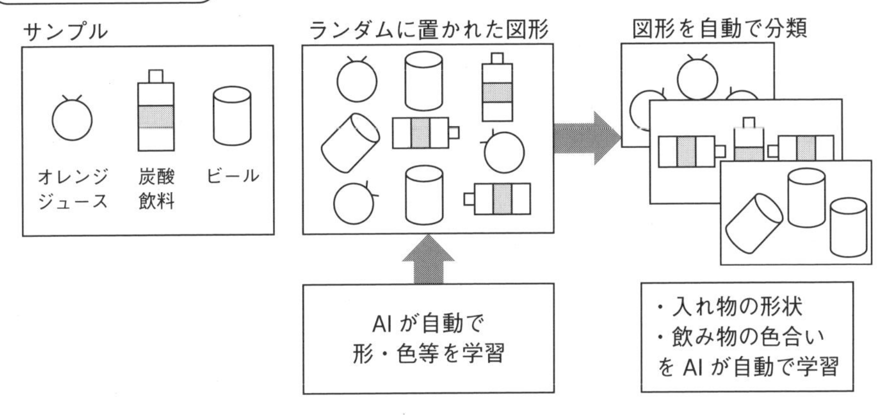

図3-1-3　教師なし機械学習（例）

(3) 強化型機械学習

強化型機械学習は、機械そのものが試行錯誤を繰り返しながら、評価が得られる解を選択できるように学習します。例を**図3-1-4**に示します。

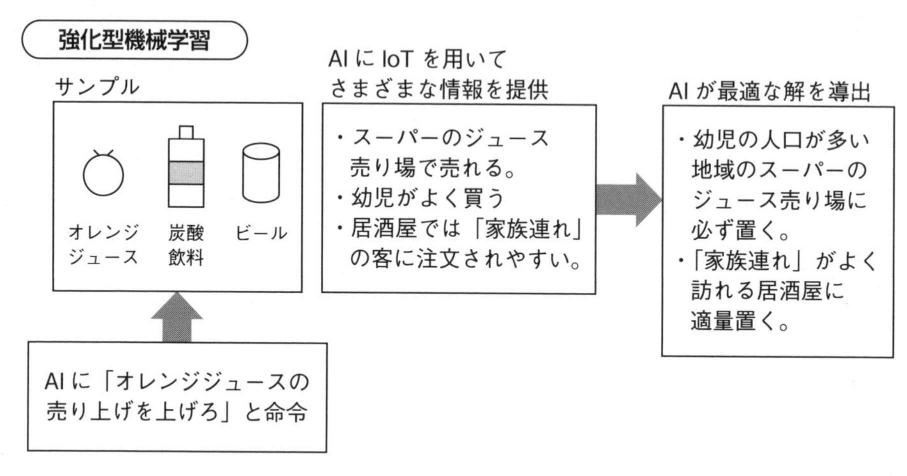

図3-1-4　強化型機械学習(例)

今回は簡単な例で各学習法を説明しましたが、製造業における製品の設計では、いずれは、ヒトも思いつかないようなアイデアを出してくれるのではないか？という期待もあり、「強化型機械学習」に注目が集まっています。

ただし、いくら「機械学習」だからといって、万能ではありません。

「機械学習」をうまく使いこなすためには、ヒトが「設計の仕様」と「実現可能な目標値」を明確にしなければなりません。顧客からの要求をIoTやAIを有効活用しながらも、「到底無理な目標値の設定の回避」をしなければ、「求める解が見つからない、あるいは、過剰に精度を求めてしまい解が収束せず、学習が終わらない(これを「過学習の罠」と言います)。」などのエラーが起きます。学習をさせる際は、機械が学習している状況をモニタリングし、要所ごとに、なぜ、「機械学習」がそのような結論を出したのかを「ヒト」が理解し、計算状況をチェックするなど、十分注意をして使用しなければなりません。

「機械学習」といっても、
到底無理な課題を
解くことはできへん。
万能じゃないで。

3-1-3　ニューラルネットワーク・ディープラーニングと各種統計学的分析手法（「顧客の要求を知るための分析法」を中心に）

「機械学習」という言葉が出て以来、さまざまな技術者が、人間の思考を機械に解かせるためのさまざまな分析法を検討し始めました。それぞれ、「教師あり学習」「教師なし機械学習」「強化型機械学習」のどれか、あるいは複数の学習法に適したものになります。

それでは、まず、最近脚光をあびている「ニューラルネットワーク」と「ディープラーニング」についての説明を行った上で、顧客の要求を知るための統計学的分析法を紹介します。

(1) ニューラルネットワークとディープラーニング

ディープラーニングは、「ニューラルネットワーク」(Neural Network) と呼ばれる「ヒトの脳を人工的に模試しようと試みたモデル」がベースとなっています。

ニューラルネットワーク (Neural Network) とは、人間の脳内にある神経細胞（ニューロンと呼ばれます）とそのつながり（神経回路網）を、人工ニューロンという数式的なモデルで表現しようとしたものであり、1960年代から提唱されていました。

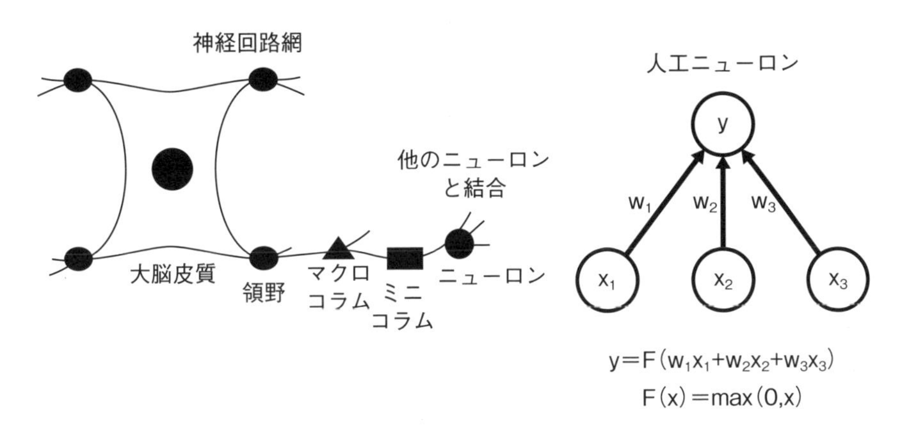

図3-1-5　人工ニューロン

ちょっと難しいですが、ここで、ヒトの脳の仕組みを説明します。

脳の知識をつかさどるもっとも重要な器官は「大脳皮質」といわれています。大脳皮質は、脳の表面にある厚さ２ミリ程度の薄い組織です。これは、「領野」と呼ばれる約50個の領域に分かれており、領野ごとに視覚、聴覚、運動制御、行動計画、言語理解など様々な機能が担当されています。大脳皮質の個々の領野は、直径500ミクロン程度の細長い「マクロコラム」と呼ばれる柱状機能単位の集合で、さらに

1つの「マクログラム」は、直径50ミクロン程度の「ミニコラム」と呼ばれる機能単位の集合になります。ミニコラムの中には100個ほどのニューロン（神経細胞）が回路をつくっています。個々のニューロンは、他のニューロンからの入力を受け取り、出力値を計算して、他のニューロンに送ります。そのニューロンどうしが神経回路網を模した“つながり”で結合し、巨大な神経回路をつくり、その中を、お互いの情報の相関関係（条件付き確率）を分析することで、さまざまな脳の機能が実現されます。

この仕組みを人工的に模倣し、物体の認識などに応用するという「強化型機械学習」の実現にトライしたものが「ニューラルネットワーク」になります。

しかしながら、2010年までは、「ニューラルネットワーク」そのもののアルゴリズムが脆弱だったことと、コンピュータや画像処理能力などのデータ処理の限界で、思った以上の性能が出ず、利用範囲は、ルール化された「チェス」「将棋」「囲碁」などの限定された「強化型機械学習」に使用されていました。その限界を超える概念を生み出したのが、「ディープラーニング」です。

ニューラルネットワーク（中間層が 1 層のケース）のイメージ

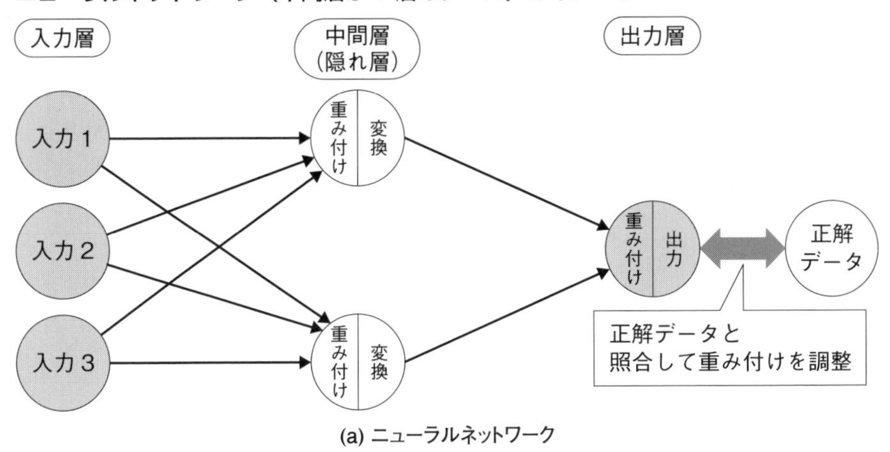

(a) ニューラルネットワーク

ディープラーニング（中間層が 2 層）のイメージ

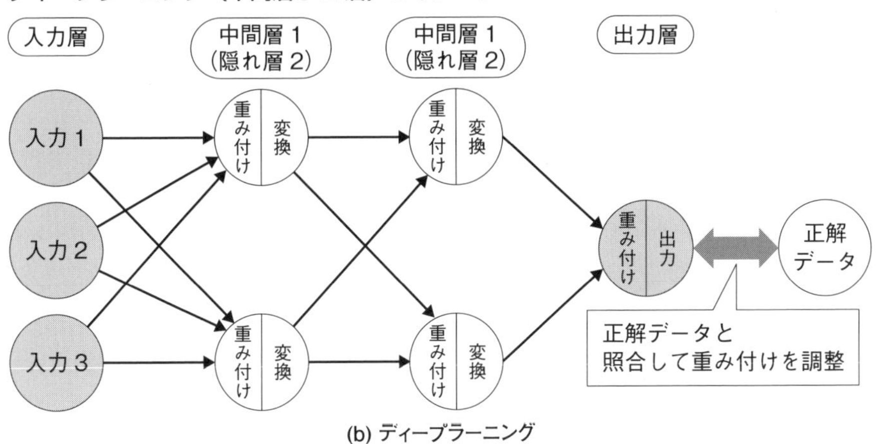

(b) ディープラーニング

（出典:総務省　ICTスキル総合習得教材　3-5:人工知能と機械学習）

図3-1-6　ニューラルネットワークとディープラーニングの違い

ニューラルネットワークとディープラーニングの違いは、特定の画像・データパターンを模した「中間層」（1次、2次、3次……などの関数）を複数・かつ自動で学習しながら設けられることになったことと、各「中間層」に付けられる「重み付け関数（関数の係数の特徴）」を増やすことでAIが考える「思考」を自動で増やすことができ、かつ、コンピュータの機能向上で、「正解」にたどりつくための演算処理が速くなったことにあります。例えば、**図3-1-7**に例として、無料ソフト「Tensorflow Playground」を使った「ニューラルネットワーク」と「ディープラーニング」の「分類分け」の精度の差異を示します。

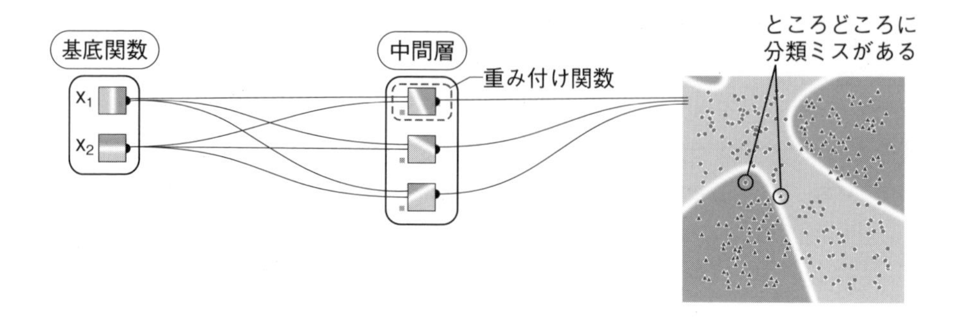

(a) ニューラルネットワーク

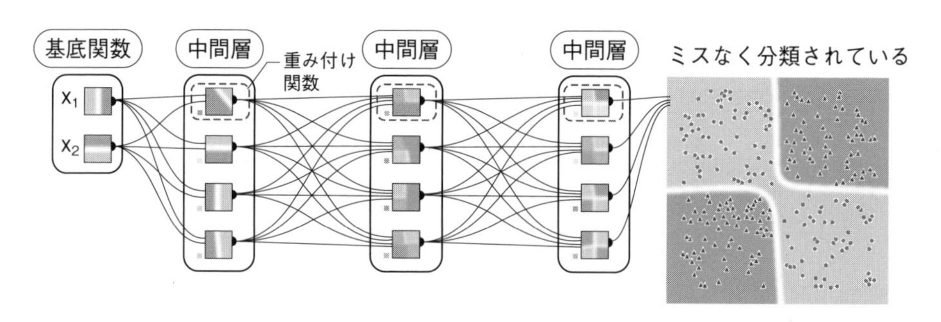

(b) ディープラーニング

図3-1-7　ニューラルネットワークとディープラーニングの精度の違い

図3-1-7に示すように、ニューラルネットワークの場合には、簡単な分類問題でも、「ヒト」が定義できる基底関数（あらかじめ、「ヒト」が予測し、入力する1次、2次、3次……関数）に限界があり、中間層も1層しかなかったことから、実用化には至りませんでした。しかし、ディープラーニングの出現で、「機械学習」の精度と演算時間は格段に向上しました。そのため、現在、人間がプログラミングすることなく、大量の「ビッグデータ」を与えることで、「教師あり機械学習」を中心に、「自動運転」「交通管制」「物流」「医療分野」「製品の保全」への適用が、爆発的に実用化されてきています。

さらには、ディープラーニングによって、重み付け関数（特徴量）の中で注目すべきポイントをコンピュータが自ら検出する研究が進んできており、ディープラーニングの結果から、設計に影響を及ぼす因子を抽出することもできるようになってきています。

■D(￣ー￣*)コーヒーブレイク

脳科学者から見ると人工知能の「ニューラルネットワーク」と「ヒトの神経組織」は全く別物で、今の「ニューラルネットワーク」は「感情を持たない『特徴量を高精度にとらえられる』ソフト」のようです。

例えば、イヌの写真を学習させたAIに、ヒトが描いたイヌのイラストをみせても、AIは「イヌ」と認識しません。特徴量のとらえ方がヒトとAIで根本的に異なり、現在のAIは、イヌの写真とイラストを同時に学習できないのかもしれないようです。「ディープラーニング」も「ニューラルネットワーク」の処理能力をあげただけでは、学習できないかもしれません。

AIの第3ブームは、第2ブームのAIソフトの処理能力向上とPCの高速化が行われただけで、AIのアルゴリズムそのものは、第2次ブームから進化していないようです。現在の「AI」の特徴量のアルゴリズムを理解したうえで、うまく活用しないといけないようです。

前置きが長くなりましたが、ニューラルネットワークやディープラーニングの土台となる「各種統計学的分析手法（顧客の要求を知るための分析法）」を紹介します。

(2) 決定木

決定木（けっていぎ）は、木の枝のような「条件付きの確率」を、段階を経て分かれる形（樹形図：じゅけいず）で判別基準を設定し、データを分類する手法です。**図3-1-8**に、簡単な例を示します。

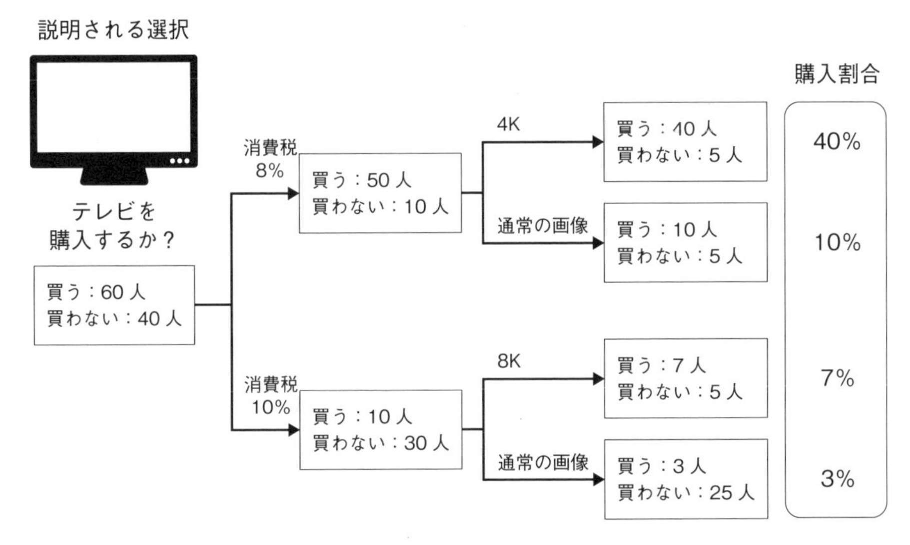

図3-1-8　決定木の例（テレビの購入例）

図3-1-8のようにテレビの購入の有無（入力データ）をもとに、その購入目的別にデータを分類し、さまざまな要因が結果に与える影響を把握する手法です。

その年々の政治動向や技術の進化などを参考にしながら、テレビを販売する業者は、「もうすぐ、消費税がアップしそうだから、その直前に在庫セールをすれば需要がありそうだ」、「4Kテレビ用の電波放送も始まったし、どうせ売るなら、顧客に人気が出そうな「4Kテレビ」を品揃えしたほうがよさそうだ」など、「教師あり機械学習」として使用できます。

もっと、AIが要因の中身を掘り下げていき、IoTから得られた市場動向のデータを「特徴量」として分類し、「～～年はオリンピックがあるから、その直前にテレビが売れそうだ」などをAI（機械）が直接分析し、コントロールできるようになれば、「消費税の有無」に拘らず、「4Kテレビは売れそうだ。もしかしたら、8Kテレビも売れそうだ。だから、生産を急ごう。」というような、「最適設計・生産」のベースとなる「強化型機械学習」への使用も可能になるかもしれません。

決定木って、アプローチの仕方は異なるけど、考え方はFTA(Fault Tree Analysis)みたいやなぁ。

(3) アソシエーション分析

アソシエーション分析とは、例えば、「商品Aを買っている人の～%が商品Bも購入している」というような同時購入の確率を導出する方法です。

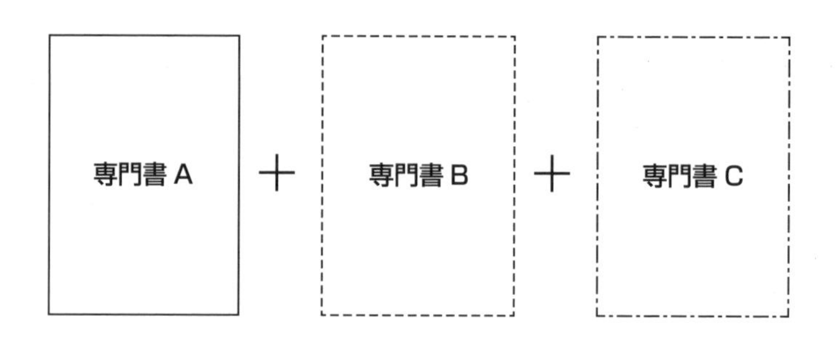

図3-1-9　同時購入の例

例えば、**図3-1-9**のように、「機械設計の基礎を学んだ上、個々の詳細について勉強するために、簡易的な書籍からレベルの高い書籍を同時に購入している」などの例が考えられます。本屋さんやネット通販の業社は、「教育なし機械学習」の傾向を見ながら、それに応えられる品ぞろえをすればよいでしょう。

また、もう少し分析を深めると、例えば、あるお客さんが「白菜」「豚バラ」「長ネギ」「もやし」「ほうれん草」「豆腐」「ごま油」……などを買ったとすると、もしかしたら、今夜のおかずは「豚肉の鍋」かな？とAIが想像できるようになれば、将来的には、業社に、より鍋をおいしく召し上がってもらうための「鍋の元（スープの成分）を開発すればよいのではないか？」という提案型「強化型機械学習」にもなりえるかもしれません。

(4) ソーシャルネットワーク分析

ソーシャルネットワーク分析とは、ヒトの「趣味・研究・出身地・よく使用する言葉」などを分類分けし、その分類分けしたヒト同士につながりがあるのではないか？と判断する「教師なし機械学習」です。例として、公表資料内で氏名が同時掲載される頻度やSNS上で友人としてのつながりのデータに基づき人のつながりを分析するソーシャルネットワーク分析が挙げられます。

図3-1-10　Aさんがよく使用する言葉

（出典：総務省　ICTスキル総合習得教材　3-5:人工知能と機械学習）

上記は「教師なし機械学習」ですが、これを見た「AI」は「強化型機械学習」で、その言葉の意味を理解し、SNSで、「～～」の情報を提供すれば、「Aさん、およびAさんの友達は興味を持つかもしれない。」と考えるかもしれません。

以上、本節では下記のことをご説明しました。

3-1-1　AIとIoTの定義と関係性
3-1-2 機械学習（3パターンの定義と特徴）
3-1-3 ニューラルネットワーク、ディープラーニングを代表とした各種分析手法
（「顧客の要求を知るための分析法」を中心に）

AIとIoTの技術や活用法は日進月歩、進化しています。特に、概念設計段階の「顧客の要求から、製品の仕様を決める」ことは、短期的な製品開発のみでなく、中長期的な視野に立った、企業の「製品開発戦略」にもつながるものと思います。AIやIoTの今後の動向に注視しながら、より良い製品を設計しましょう。

ただし、前述でも述べましたが、いくらAIやIoTだからといって、万能ではありません。繰り返しになりますが、AIやIoTを使用する際は、モニタリングをして、要所ごとでなぜ、「機械学習」がそのような結論を出したのかを「ヒト」が理解し、計算状況をチェックするなど、十分注意をして使用しましょう。

第3章	2	機能性を高める メカトロニクス設計

3-2-1　メカトロニクス（メカトロ）とは

メカトロニクスの定義は幅広く様々な解釈がありますが、一般的にメカトロニクスとは、機械装置を意味する「メカニクス（mechanics）」と、電子工学を意味する「エレクトロニクス(electronics)」を合成した和製英語です。

かつて、機械製品に複雑な動作をさせるには、リンク機構やカム、歯車など多くの機構部品を組み合わせる必要がありました。このような製品は、大型で高価になりやすく、さらに複雑で組み立てにくいものでした。そこで、制御の部分に電子回路やマイコンを利用し、センサやアクチュエータと組み合わせることによって、複雑な動作を簡単に実現し、機械要素の組み合わせだけでは実現できないような機能を持たせることが可能になりました（**図3-2-1**）。また、同じ機構であっても、電子回路やプログラムの変更で、動作の変更や追加が容易にできるという利点も持ちます。

第四次産業革命による多品種変量生産や、IoTからの情報によってフレキシブルな生産を可能とするシステムを構築するためにも、今まで以上にメカトロニクスの技術を用いて、適用範囲が広い機械や生産システムを構築する必要性は高まるでしょう。

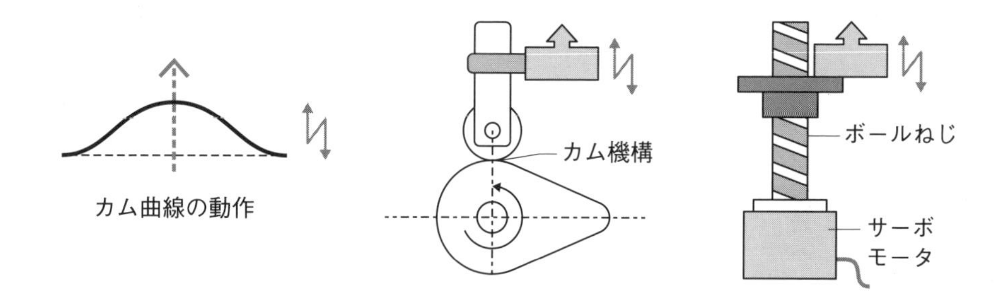

	カム機構によるメカ的動作	モータによるメカトロ動作
メリット	確実な繰り返し動作が可能	動作の種類の変更が容易
デメリット	動作変更はカム形状の変更が必要であり、柔軟性は乏しい	追従遅れなどの動作精度の劣化に対する制御技術が必要

図3-2-1　メカトロニクス動作の特徴

3-2-2 メカトロニクス設計への対応

市場での競争が激化するにつれて、従来品よりもスループットと安全性を向上させつつ、コストをおさえて機械を提供する要求が高まっています。特に今日の機械装置では、最新の制御システムやアクチュエータ、センサを採用して、一定の用途にしか使えない機械から、柔軟性に優れた多用途な機械の開発へと方向性が変化してきています。このような改善により、開発した機械をさまざまな用途に充てることが可能となったことは確かですが、それと同時に機械の複雑さも増し、設計者はメカ、エレキ、ソフトなどの幅広い知識が必要となってきています。また、設計プロセスそのものの複雑さも増しています。これからの設計者は独自の専門性と幅広い知識をあわせ持ち、それらの要素を複合させながら、機械に要求される性能を満たす設計力が必要になるといえます。

メカトロニクス製品の設計で必要となるメカ、エレキ、ソフトの３分野と構成する技術との関係の例は**表3-2-1**のようになります。

表3-2-1　メカトロニクス設計を構成する技術

メカトロニクス	メカ（メカニクス）	機構、構造、機械的作用、機械要素部品、
	エレキ（エレクトロニクス）	アクチュエータ、センサ、電気回路、電子回路、制御機器、ハーネス
	ソフト（ソフトウェア）	シーケンス制御、制御工学、プログラム設計、通信、ネットワーク

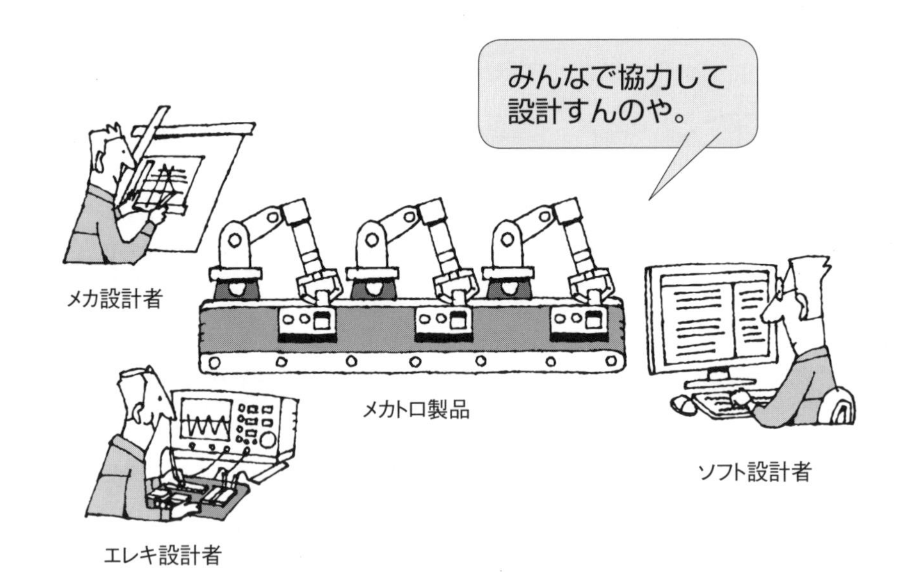

(1) メカニクスの設計について

メカニクス（mechanics）とは機構や仕組みなどと捉えられることが多いですが、ここでは部品同士で運動を伝える機械要素として捉えます。部品が部品に運動を伝えるときは、直進、回転、揺動（旋回）の3つの単位動作を組み合わせます。それらメカニクスといわれる機構の代表例として、回転運動を直進運動に変換する「スライダ・クランク機構」や、回転運動を揺動運動に変換する「てこクランク機構」などがあります（**図3-2-2**）。

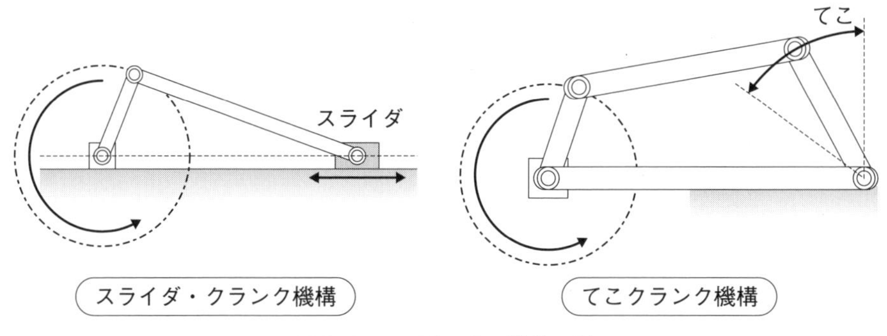

図3-2-2　メカニクス機構の例

メカトロニクスが今のように浸透する以前は、カムやリンクなどの機械要素部品と機構を複雑に組み合わせた設計が必要とされ、メカニクスの設計にはからくり機構の設計スキルを求められることも多くありました。
メカトロニクス製品は、機構を駆動するためのアクチュエータが取り付けられ、それらの動きをコントロールする電子制御により、複雑な動作が実現されます。その場合は、メカニクスの設計にはメカトロニクス製品の基本となる構造の小型化や効率化、安全性の性能が求められます。当然ながら、良いメカトロニクス製品の実現に、メカニクスの設計は重要な役割を担っています。

①メカニクスの機械要素種類

メカニクスを構成する機械要素にはさまざまな種類がありますが、とくに動きを伝達、支持する機構部品が特徴的で、重要な要素部品となります。例えば、回転運動を伝える部品には歯車、ベルト、チェーンなどがあります。また、回転モータを用いることが多いメカトロニクス製品では、ボールねじを用いて回転運動を直動運動に変換したり、直動する物体を案内するリニアガイドなどが用いられることも多くなっています。これらは小さなボールやころを用いて摩擦による伝達ロスを減らす工夫が施されています。

次に機械要素部品の機能とその働きを持つ部品の例を挙げます（**表3-2-2**）。

表3-2-2　メカトロニクスを構築する機械要素部分

機能	機械要素部品
支える	軸、軸受、案内（リニアガイド）
運動を伝える	軸、歯車、カム、軸継手、チェーン、ボールねじ、リンク、ベルト
力を伝える	軸、歯車、軸継手、クラッチ、カム、チェーン、ボールねじ、リンク、ベルト、電磁要素、摩擦車
力を増幅する	歯車、トラクション要素、ボールねじ、チェーン、ベルト、リンク
減速（増速）する	歯車、トラクション要素、減速機、ボールねじ、チェーン、ベルト、リンク
振動を遮断する	軸継手、ダンパ、ばね

メカトロニクス設計における機械要素部品の選定には、従来のメカニクスの設計に比べていくつか留意すべき事項があります。製品が組み上がってから選定の間違いが発覚しないように注意しましょう。設計の検討不足によって生じる不具合の例をいくつか示します。

- 減速比などを考慮したモータ軸の総負荷イナーシャの計算が十分でなく、モータのトルク不足が生じる。
- 軸受などのころがり摩擦の粘性抵抗が考慮されておらず、高速回転の加減速を繰り返した際に、モータドライバに過負荷アラームが発生する。
- 歯車などの力の伝達部品にバックラッシなどのガタ成分が無視できないレベルで存在し、フィードバック制御を実施するとサーボの発振現象が生じる。
- カム機構などの動作の中で、イナーシャや摩擦量の変動が大きく、サーボ制御のパラメータ調整が難しくなる。
- 摩耗や衝突を繰り返す部品が長期の使用によってガタの発生や摩擦量が大きく変化して、制御系が不安定になり、振動や騒音を生じる。
- 摩擦摺動する構成部品が多く、発熱した熱によって電子機器を含む制御機器の周辺温度を高くし、熱暴走による誤動作が生じる。

複雑なリンクや減速する機構を多用する場合などは、設計計算も複雑になります。また、摩擦量などは過去の製品で同類の部品を使用した経験が重視される場合もあります。アクチュエータ選定の際にメーカーが提供する専用のツールを用いたり、自社のノウハウを反映できる設計計算の仕組みを各分野の専門家と協力して構築することも重要となります。

（2）エレキの設計について

エレキ（エレクトロニクス）といわれる領域は幅広く、ここではアクチュエータやセンサの選定から、電気回路、電子回路、ハーネスの設計まで広い分野を対象としています。それぞれの構成要素について詳しく述べていきます。

①アクチュエータ

アクチュエータとは、電気・電磁・熱などの物理的な動力源から運動を発生させる装置のことです。メカトロニクス設計においてアクチュエータは電気のエネルギーを機械エネルギーへと変換し、機構を動作させる大変重要な構成部品となります。代表的なアクチュエータはモータです。しかし、そのラインナップは幅広いため、用途やコスト、制御方法などに合わせて使い分け、最適なものを選定することが重要となります。近年ではロボットなどの普及によりACサーボモータが小型かつ高出力になっており、制御もしやすくなっているため、使われる場面が広がっています。

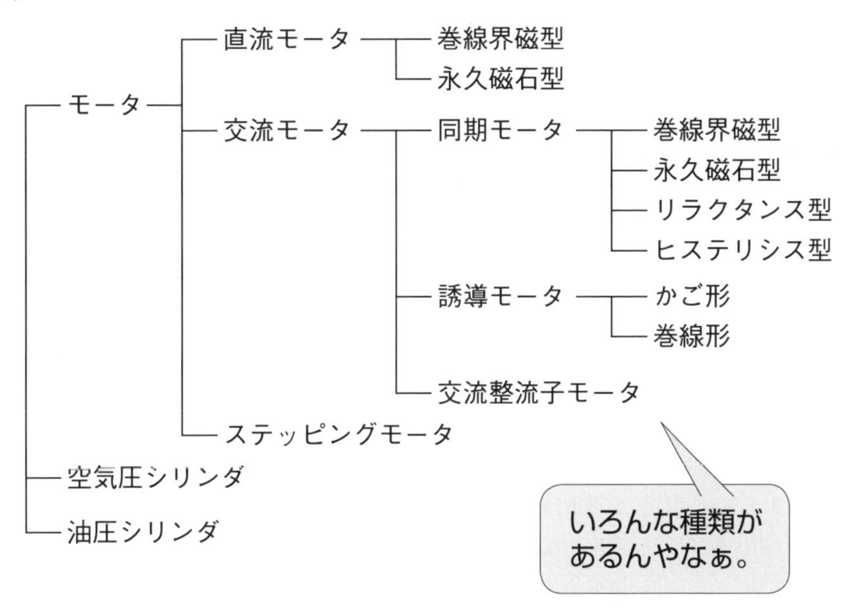

図3-2-3　アクチュエータの種類

モータにはその構造や仕組みによって多くの種類があります。目的とする動きが回転や速度調整のみか、位置決めを必要とするか、許容されるコスト、制御入力の方法などの実現したい作業を考慮して選択することが重要となります。また、空気圧シリンダや油圧シリンダを用いることで、単純な動作を低コストで実現することができます。

②センサ

センサはメカトロニクス製品を動作させる上で、必要な情報を収集するための重要な構成要素です。メカトロニクス製品は、作業対象とする物体の位置や装置の状態によって柔軟に動作を変更する場合があります。その際にどのようなセンサ技術によって、何の情報を、どこの位置で取得するのかが重要になります。各センサで取得できる情報の種類と仕組みを理解し、正しい物理量を適切な精度で得られるような設計を行いましょう。

代表的なセンサは、人間の視覚に相当する距離や位置、物体の有無などを認識できるものになります。光センサや赤外線センサが多く用いられますが、近年ではビジョンセンサなどの画像を用いた方法も使用されるようになってきました。また人間の触覚に相当する接触の有無や力を測定するセンサとして、力覚センサや触覚センサがあります。力覚センサの代表的なものにひずみゲージがありますが、近年ではMEMS（Micro Electro Mechanical Systems）技術を用いて、小型でより正確に測定が可能なセンサも利用されています。

表3-2-3　センサの分類と用途、仕組み

<table>
<tr><th>センサ</th><th>検出対象・用途</th><th>仕組み</th></tr>
<tr><td>光電センサ</td><td rowspan="2">物体の有無</td><td>光の反射の有無を検出</td></tr>
<tr><td>ホール素子</td><td>磁界による検出</td></tr>
<tr><td>ポテンショメータ</td><td>位置、角度</td><td>電気抵抗値から回転角度検出</td></tr>
<tr><td>ロータリエンコーダ</td><td>角度、回転速度</td><td rowspan="2">光、磁気などから検出した変位量のパルス出力をカウント</td></tr>
<tr><td>リニアエンコーダ</td><td>位置、速度</td></tr>
<tr><td>レゾルバ</td><td>角度、回転速度</td><td>2相のコイルの位相変化から検出</td></tr>
<tr><td>レーザ変位計</td><td>（高精度な）距離、厚み</td><td>レーザ光の反射光から距離を検出</td></tr>
<tr><td>ひずみゲージ</td><td>圧力、力、ひずみ</td><td>変形による電気抵抗の変化を検出</td></tr>
<tr><td>MEMS加速度センサ</td><td>加速度、振動</td><td>MEMSで慣性力などを検出</td></tr>
<tr><td>熱電対</td><td>温度</td><td>ゼーベック効果による熱起電力を検出</td></tr>
<tr><td>サーミスタ</td><td>温度</td><td>金属化合物の抵抗の変化の違いを検出</td></tr>
<tr><td>CCDイメージセンサ
CMOSイメージセンサ</td><td>形状、傷など</td><td>受光素子で検出した光で画像を作成</td></tr>
</table>

③回路設計

メカトロニクス製品でアクチュエータを制御するには、指令を与える駆動回路や制御回路が必要となります。また、センサから直接得られる信号は連続的に変化するアナログ信号が多く、制御機器が処理できるのはデジタル信号となるため、アナログ信号からデジタル信号へのA/D変換や逆のD/A変換が必要になります。

また、アクチュエータを含めたすべてのエレクトロニクス製品には電源の供給が必要です。機器に応じて供給する電圧や周波数が異なるため、適切な電源回路の選定、設計を行いましょう。

④制御機器

メカトロニクス設計を取り巻く環境は日々変化を続け、用いられる構成機器も時代と共に進化を続けています。特に動作をコントロールする役割の制御機器は、近年のIoT対応や、個人が趣味の延長で使えるようなリーズナブルな制御機器の性能が高くなっており、選択の幅が広がっています。

表3-2-4　制御機器の分類と特徴

制御機器(コントローラ)	特徴、メリット
マイコン	小型で安価にシステムの構築が可能。モータの制御とシーケンスの制御を1つのマイコンで実現することもある。組込みソフトウェア設計のスキルが必要とされる。
PLC	専用のPLCメーカーが製品展開している。ネットワークI/Fなどのラインナップも揃っている。ラダー言語の記述で動作の制御ができるため、現場メンテナンスなども容易。
産業用PC (IPC：Industrial PC)	民生用のPCと基本構成は同じであり、比較的低コストで高度な処理が可能。近年は外部機器のI/FがEthernetやUSBで接続可能であり、使いやすくなっている。

⑤ハーネス設計

メカトロニクス製品では、装置内のあらゆるところに信号情報や電力を伝達するためのハーネスが配置されます。電気的な特性を把握してハーネス設計をすることは、ノイズの影響による誤作動を防ぐために重要です。ノイズの影響を受けないように、ツイストペア線やシールド線を用いてセンサからの信号情報の品質を維持します。

また可動部に用いられるケーブルの場合は、許容曲げ半径を踏まえたハーネスの取り回しと、屈曲動作を想定した十分な耐久性能が求められます。3次元CADを用いた設計を行う場合、機械設計者と電気設計者の設計情報を1つの3次元CAD上で表現しながら同時に設計することで、後戻りを防ぎ、効率の良いメカトロニクス設計が実現できます。メカトロニクス設計において、3次元CADにエレキの設計情報も付与できる機能が求められることも理解しておきましょう。

(3) ソフトウェアの設計について

メカトロニクス設計において、ソフトウェアの技術はあらゆる場面で用いられます。また、その用途に応じてプロセッサやOS（オペレーティングシステム）の種類が異なるため、プログラムの言語も異なることが多くあります。

ソフトウェアの処理を含むシステムの構成は製品の形態によってさまざまですが、以下にシステム構成の一例を示します（**図3-2-4**）。

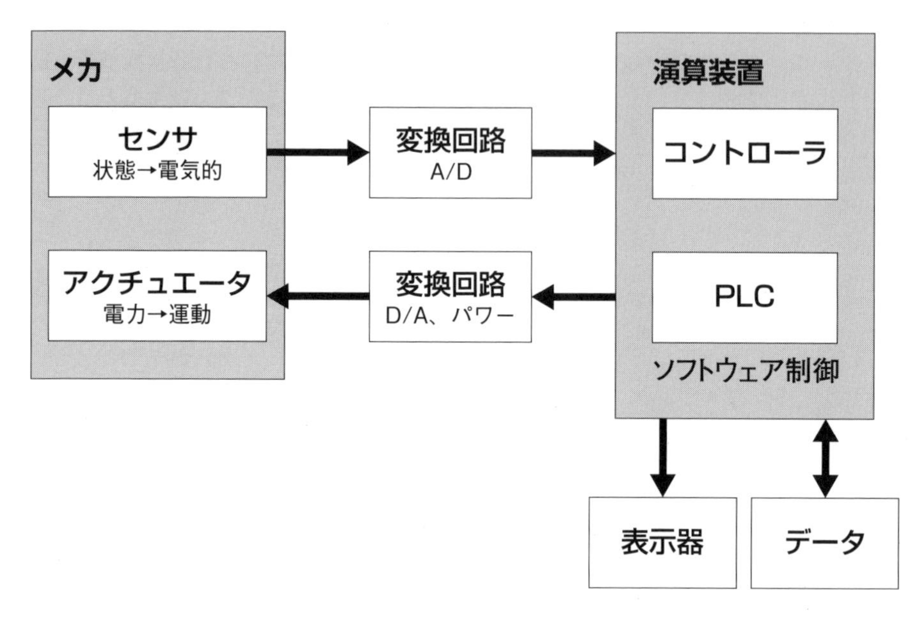

図3-2-4　システム構成の例

制御工学をベースとしたモータ制御やセンサの情報をデジタル処理するソフトウェアはC、C＋＋などの言語が多く用いられます。また、表示器の制御やIoTにつながるデータをデータベースに格納する処理にもC＋＋、C＃、JAVAなどそれぞれの用途に適した一般的なプログラム言語が用いられます。

一方PLCはラダー言語が用いられることが多いですが、PLCメーカーごとに若干言語が異なるなどの問題がありました。これらの問題の解消に向けたプログラミング言語に関する国際標準化（IEC61131-3）を推進する流れがあり、PLCopenという第三者機関が普及の活動を行っています。これらの活動はインダストリー4.0に象徴されるグローバル化の流れを踏襲するものと考えられます。日本国内ではPLC＝“ラダー言語”の印象がありますが、世界的には用途に応じてラダー以外の言語が積極的に使われ始めています。

表3-2-5　IEC61131-3で規定される5種類のプログラミング言語

種類	詳細	特徴
LD	ラダーダイアグラム	リレーシーケンス回路の置き換えといえるグラフィック言語で国内で圧倒的に普及。
FBD	ファンクション ブロック ダイアグラム	DCS(Distributed Control System)に慣れているエンジニア向けのグラフィック言語。
SFC	シーケンシャル ファンクション チャート	状態遷移を記述するのに適したグラフィック言語。
IL	インストラクション リスト	従来のプログラミングツールのニーモニックに相当する言語。プログラムの小型化や高速化には有効。
ST	ストラクチャード テキスト	PASCALをベースに設計された構造化テキスト言語。C言語などに慣れたエンジニア向き。

メカトロニクス製品の最終的な動作は、動作順序やタイミングなども含めて、設計されたプログラムによって決定されます。最近では、3次元CADなどの仮想空間上で、プログラムされた内容の動作を確認できるデジタルツイン環境が構築できるようになっています。それらのツールを用いて、事前に動作仕様や機構、プログラムの妥当性を確認することは、短期に確実な設計をするためにとても効果的な取り組みといえるでしょう。

第3章	3	モデルベース開発を知って活用する

モデルベース開発を知って活用する

クルマやロボット、家電製品だけでなく、工場内で使われる生産設備なども含めて、あらゆる機器がコンピュータ制御で動くメカトロニクス製品へと進化しています。また、機能も複雑になり、メカ、エレキ、ソフトなどの専門家がチームを組んで開発、設計に携わることが多くなっています。

従来のチーム開発においては、まず試作機などの実物を製作した後で、要求される性能の達成に向けて、ソフトウェア担当者が後から動きやパラメータを調整するといったことが多くありました。このようなやり方では設計仕様の致命的な抜け漏れが発生したり、ソフトウェアの担当者が現場に張り付いて、デバックの時間に多大な工数が生じる、といった非効率な開発となってしまう場合があります。

グローバル化が進む中で、市場が求める多様な要求に応えるためには、開発する製品サイクルの短期化と性能、品質の向上が同時に求められます。メカトロニクス製品などのメカ機構の制御にソフトウェアを用いる製品の開発では「モデルベース開発」という考えが進んでおり、自動車のエンジンユニットなどの車載システム開発をはじめ医療機器開発、ロボット開発などの幅広い先端分野で活用されています。

3-3-1　モデルベース開発(Model Based Design/Development)

モデルベース開発では、“動く仕様書”となる「モデル」を作成し、要件の定義から設計、実装、テストまでの開発プロセスをモデル作成を中心に進めます。モデルとは実行可能な設計仕様であり、またプラントモデルといわれるような制御対象となるシステムの特性を示すものでもあります。これらモデルを組み合わせ、各工程でシミュレーションを実施して、妥当性を確認しながら開発を進めることができます。

(1) V字プロセス

モデルベース開発では、V字プロセスに従った開発プロセスを用います。ここではソフトウェア開発に適用した場合を例に説明します。開発の工程を要求分析、基本設計、詳細設計、コーディングに分け、各工程に検証（テスト）を対応させたV字型の開発モデルが代表的です。

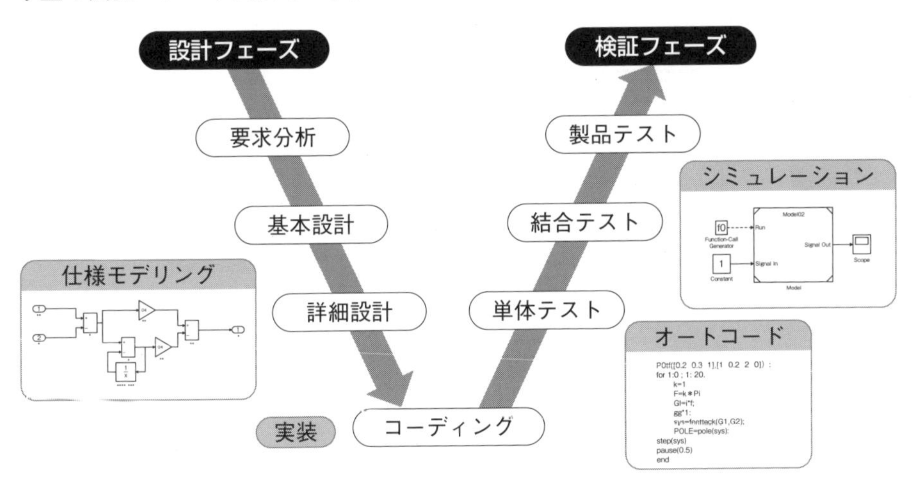

図3-3-1　V字の開発プロセス

つまり、V字プロセスの左側は「なぜつくるか」「何をつくるか」「どのようにつくるか」を突き詰めていく企画、設計のプロセスになります。そして、現物を製品として市場に出すまでには、必ず検証が必要になります。V字プロセスの右側は、「なぜ検証するのか」「何を検証するのか」「どのように検証するのか」を明確にまとめたものになります。

検証する項目を抽出する際は、それぞれの左右対になる各階層の設計内容を反映したものにします。また、検証にて不具合や性能の未達が生じた場合には、各階層での見直しを行うことで短期間での検証と確実な要求性能の実現が可能となります。

(2) モデルベース開発のメリット、課題

① モデルベース開発のメリット

・モデルは数学的に表現されるため、自然言語による仕様記述と比べて曖昧性が低く、メンバ間の解釈の違いによる誤解を防ぐことが可能。

・作成したモデルはシミュレーション可能な「実行可能仕様書」として利用が可能なので、仕様検討の段階で要求事項の実現性などを検証でき、仕様の確かさを確認することが可能。

・ソフトウェアの実装工程においてモデルからコードの自動生成機能が活用でき、実装工数の削減が可能。また、仕様の修正がモデル化された仕様書に対してその都度実施され、開発経緯のトレーサビリティにも優れる。

・機能仕様がわかりやすく、機能的にも視覚的にも分離性が高いため、モデルの再利用性が高い。同様の機能の別の装置を開発する際に、再利用を進めることで、さらに短期に確実な開発が可能となる。

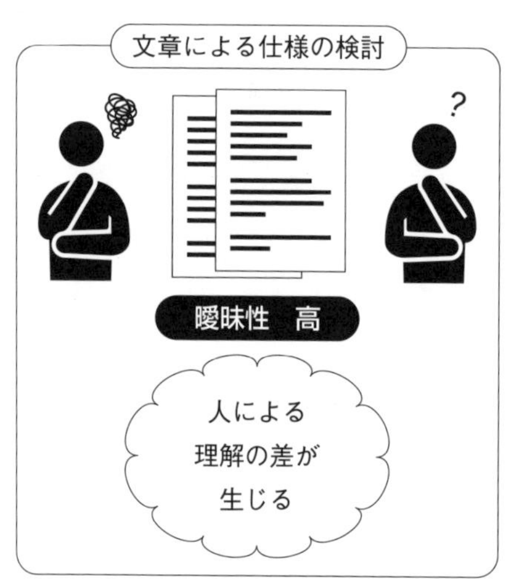

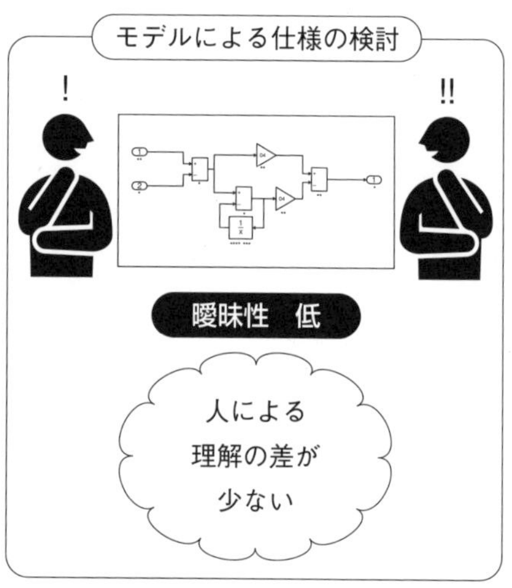

図3-3-2　モデルによる仕様の理解

②モデルベース開発の課題

設計工程でモデルを作成しシミュレーションを行う必要があるので、従来の開発プロセスと比べると設計工数は増加します。設計工数を増大する要因としては以下のとおりです。

・モデルを作成するための技術の習熟に時間を要する。

・シミュレーションのために制御される対象となるモデル（プラントモデル）を新たに作る必要がある。

・妥当性を検証するための検証用データ（システム）を作成する必要がある。

・専用のツールを必要とするために、教育と環境構築にお金と時間がかかる。

(3) モデルの作成について

対象とするシステムを解析、評価、あるいは制御したいときに必要となるモデルは、その特性に応じてさまざまな種類を準備する必要があります。例えばニュートンの法則に従った物理特性や振動特性、熱の伝導、冷却に関するモデルが存在します。またエンジンのシステムの特性を表現したモデルやロボットのリンク機構の式を定義したモデルなどもあり、その多くは数学的に記述されます。

詳細な物理的挙動の評価を目的とする場合、モデルはその特性を忠実に表現する必要があります。実在するシステムは、ガタなどを含む非線形系であったり、高次元であったり、あるいは分布定数系であることが多いので、システムの挙動を正確に表現しようとすると、おのずとモデルは詳細になってしまいます。一方で、例えば動作の制御を目的とするシステムの開発を実施する場合は、詳細なモデルでは複雑すぎて容易に制御系を設計できない事態に陥る場合があります。その場合は、本質的な特性を維持しながら、システムを簡易的に記述することが必要になります。具体的には、非線形系は線形化を、高次系は低次元化を、さらに分布定数系は集中定数化をするなどの簡略化、もしくは近似をしてモデルを作成することが求められます。

モデルベース開発を行う際には、ほぼ業界標準となった専用のソフトウェアを用いることが多く、豊富なテンプレートや事例が用意されています。実際に開発を行う際には、その中身を理解し、必要なパラメータ値を設定していくことが重要になってきます。

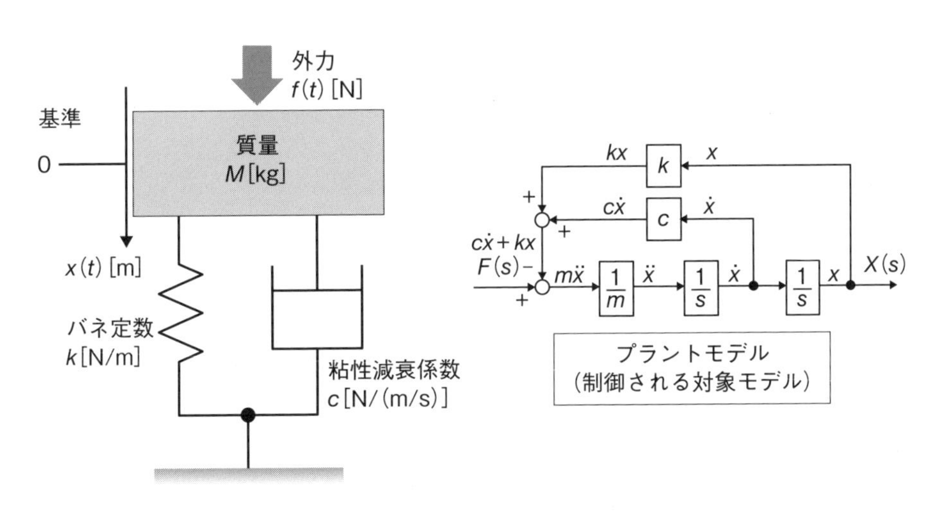

図3-3-3　(モデル事例)マス・バネ・ダンパモデル

（4）モデルベース開発の発展

モデルベース開発で使用されるモデルは、数式で示される一次元的なものであり、一般的に三次元形状などの情報は持ちません。今後のモデルベース開発では、３Ｄデータを用いてシステムのよりリアルな挙動を示すモデルを使用し、数式だけでは表現しにくい機構全体の動作や干渉、変形などを考慮した、より詳細で高度な要求性能の評価が可能になっていくと考えられます。

また、設計検証の完了後には、その３Ｄデータのモデルを用いて、次の全体設計、製造工程へ展開することで、開発に要する期間全体のさらなる短縮化を期待することができます。

第3章	4	イメージしたものをすぐに形にできる 3次元CADと3Dプリンタの使い方

3-4-1	3次元CADとデジタルマニュファクチャリング

(1) CAD (Computer Aided Design) の歴史

図3-4-1はCADと周辺環境の歴史です。18世紀半ばから始まる産業革命の以前から、部品の形状や寸法情報を盛り込んだデザイン画が存在しました。その後、ドラフターと呼ばれる作図用の作業板が使われるようになりました。当時は、硬度の違う鉛筆の芯を細く削り出し、T定規と呼ばれる文具を使って線を引いていました。その後図面の複製ニーズに対して、図面をジアゾ式複写機で転写した青焼き図面が登場します。1960年代に入ると2次元CADが登場します。

2次元CAD (2D-CAD) では、コンピュータに座標を入力し「三角法」を用いて、正面図、平面図、側面図をそれぞれ手動で作図します。数値入力で正確に作図でき、コピーや反転を瞬時に実施できるため、ドラフターに比べて飛躍的に作業性が向上しました。

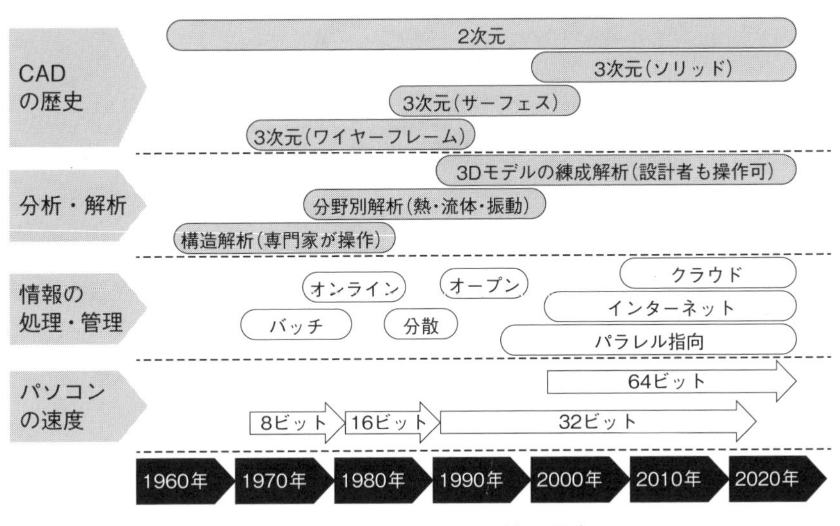

図3-4-1　CADと周辺環境の歴史

3次元CAD (3D-CAD) は初期、間隔の離れた大きな点の集合で線を表現していました。1970年代には線（ワイヤーフレーム）が表現できるようになり、1980年代には面（サーフェス）を表現できるようになりました。当時は、CADソフトだけでなく、それを動かすためのハードであるパソコンが高価なため、研究用途として専門家向けのツールでした。1990年代に入るとCADソフトが手軽な値段で入手できるようになると同時に、32ビットパソコンが登場するなど、ハードの性能向上による相乗効果によって、一般企業でも手の届くレベルになりました。2000年近くになると中身の詰まった固体（ソリッド）が表現できるようになりました。

また、デジタルデータを扱うCAEを中心とした分析・解析技術が浸透し、データ容量が指数関数的に増加したため、その管理技術も含めて、3次元CADは周辺環境と共に拡大・発展しています。

CADの歴史は、データを作り出すソフトと、そのソフトを駆動するハードの功績なしでは語れません。現在でもその傾向は続いていますが、莫大な量のデジタルデータを収集、送受信する情報通信技術ICT（Information and Communication Technology）との連携も重要な要素となっています。

(2) 3次元CAD (3 Dimension Computer Aided Design) とは

3次元CADとは、設計者が頭の中でイメージした形状を、XYZ方向の仮想3次元空間上に立体的に絵（モデル）を描くツールのことをいいます。前述のCADの歴史のように、一見すると描画の手段が「点⇒線⇒面⇒立体」と変わっただけのようにも見えますが、3次元CADの登場によって、モノづくり環境は一変しました。単純比較は難しい面もありますが、**表3-4-1**に2次元CADと3次元CADの比較表を示します。○は双方を比較して優位であることを示しています。

表3-4-1　2次元CADと3次元CADの比較

○は優位を示す	2次元CAD	3次元CAD
視認性		○
製図スキル要否		○
設計情報の充実度	○	
検図効率		○
装置価格	○	
動作速度	○	
エラー耐性	○	
データ容量	○	
連携(解析)		○
連携(加工)		○
連携(3Dプリンタ)		○
連携(システム)		○

表3-4-1に示したように、3次元CADが全てにおいて2次元CADよりも優位ということではありません。大きな特徴は、3次元CADによって視認性が良くなり、

製図スキルのない人々にも感覚的に伝えられる「1）視覚情報の伝達機能」と、3次元CADで作成されたモデルをもとに3次元で分析・解析が可能となる「2）製品情報の連携機能」です。**表3-4-2**に3次元CADの機能と応用例をまとめました。

表3-4-2　3次元CADの機能と応用例

1）視覚情報の伝達機能	2）製品情報の連携機能
・プロモーションムービー	・構造解析（応力、運動）
・操作手順書	・流動解析、CFD
・カタログ、プレゼン、WEB広告	・3Dプリンタ
・配線・配管の取り回し確認	・生産シミュレーション
・全体確認（組立・メンテ性、干渉チェック）	・3次元測定
・人やモノの動線、操作性確認	・ティーチング（ロボットの動作軌道）

表3-4-2のような特徴から、3次元CADを活用することは良いことばかりのように見えます。しかし、実際に導入・運用していく際には、デメリットも認識しておかなければなりません。**表3-4-3**に一般的なメリットとデメリットを整理しました。

表3-4-3　3次元CADのメリット・デメリット

①3次元CADのメリット

- 設計スピードの向上
- 検図効率の向上（干渉チェック、隙間チェック）
- 設計ミスの防止
- 解析による設計計算の効率化
- デザインレビューの効率化
- 製図スキルが影響しにくい

②3次元CADのデメリット

- 初期投資＋保守update契約の費用が高額
- ハード（パソコン、メモリなど）の定期的な更新費用
- スキル習得に時間を要す
- データ保管方法の組織的な確立
- 情報セキュリティ（教育、仕組み）
- ファイルの変換、読み込み時のエラー

（3）3次元CADの活用

2次元CADで作成した図は、後工程である加工や組立工程で使用されます。これは1つの情報が1つの用途に使用されると解釈でき、ワンソース／シングルユースといえます。一方、3次元CADがもつ**視覚情報の伝達機能**と**製品情報の連携機能**は、1つの3Dモデルに端を発して、前後の工程を含めたモノづくり全体で使用されます。これはワンソース／マルチユースと言われ、3次元CADの特徴です。

情報通信技術ICTを活用し、3次元CADで作成した3Dモデルを用いて、モノづくりの全てのフェーズに渡って一気通貫して課題解決を図ることをデジタルマニュファクチャリングといいます。バーチャルマニュファクチャリングやデジタルエンジニアリングなど、呼び方は違いますが概念は同じです。

デジタルマニュファクチャリングは、**プロセス**、**分析・解析**、**システム**の3つのカテゴリーにおいて革新を引き起こすと期待されています。この概念を、モノづくりフェーズと3Dモデルの活用例として整理したのが**図3-4-2**です。モノづくりフェーズの上流で作成した3Dモデルは、3つのカテゴリーを横断しながら、さまざまなツールに活用されています。3Dモデルは、デジタルマニュファクチャリングにとって中心的な役割を担っています。

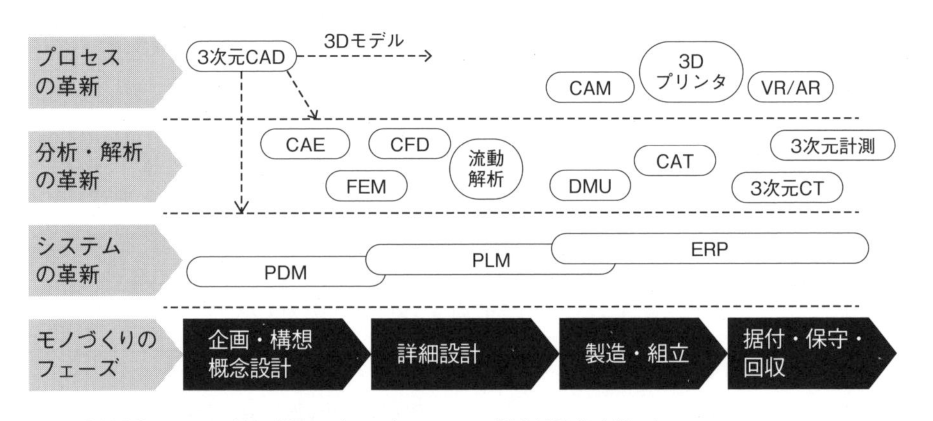

図3-4-2　モノづくりフェーズと3Dモデルの活用例

(4) 3次元CADの基本的な使い方

図3-4-3に3次元CADによる3Dモデルの作成手順を示します。

まず、(a) X、Y、Zの平面を指定し、その平面上に2次元で図形をスケッチします。スケッチの各辺に寸法を数値入力します。平面から見てプラス方向あるいはマイナス方向を指定し、押出し量を数値で入力してスケッチからソリッド（中身が詰まった立方体）の3Dモデルを作成します。(b) できあがった3Dモデルにスケッチし、押し出し量にマイナス方向を指定して部分的に除去（カット）します。(c) 3Dモデルの完成。(d) CAD上で、3次元CADに準拠した2次元図面を作成します。3次元モデルと2次元図面は情報がリンクされており、3Dモデルの形状を変更すると自動的に2次元図面上の寸法が変化します。

(e) 最後に3次元CAD に準拠した部品表を作成します。3次元CAD上の部品の属性（名称、材質、加工方法など）は3Dモデルとリンクされています。

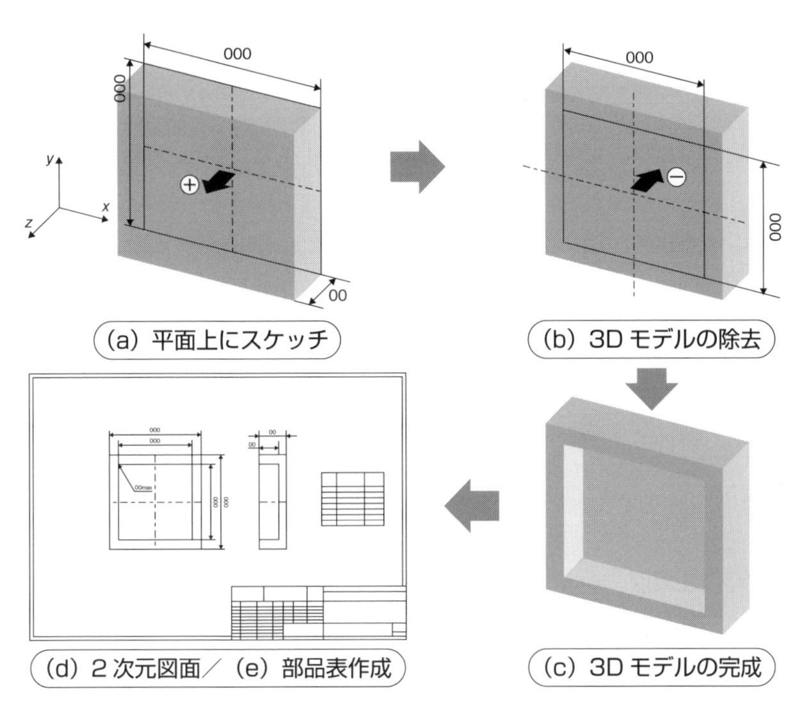

図3-4-3　3Dモデルの作成

3次元CADでは、英語表記の呼称が多用されます。2次元CADでいう部品はパーツとよばれ、組立部品のことをアセンブリ、部品表はBOM（Bills Of Materials）と呼びます。混同して使用されることも多く、注意が必要です。

図3-4-4は3次元CADの設計上の特徴を説明するため、2次元CADと比較した作業フローです。2次元CADでは、設計のインプット情報を基に最初に組図を作成します。組図の完成度が高まった後に、部品図に展開します（通称：バラシ）。最後に、部品表をまとめれば設計作業は完了し、次の工程では2次元の情報をもとに2次元 CAMに読み込み、ツールパスの修正、属性設定を行ってから加工に移ります。一方、3次元CADは、最初にパーツを作成することから始まります。この点が2次元CADと大きな違いです。パーツ作成時にはプロパティと呼ばれる属性情報をパーツ個々に登録します。プロパティは、材料、表面処理、硬度、部品番号、図面番号、設計者、承認者など、さまざまな情報から構成されます。次にアセンブリを作

成し、干渉チェックなどを行いながら必要に応じてパーツに戻って形状を編集して完成度を高めます。3次元CADは、アセンブリをつくるのと同時に、プロパティの情報が集約されたBOMを自動で作成してくれます。できあがった3Dモデルをそのまま3次元CAMに読み込みます。

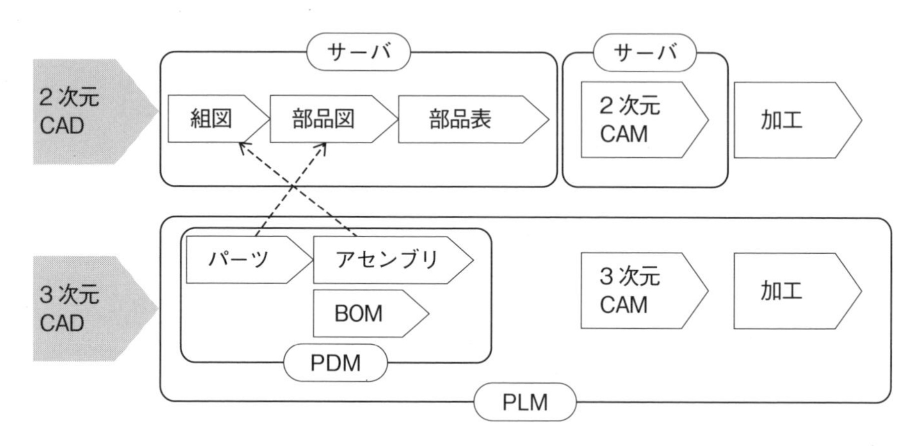

図3-4-4　CADの種類と作業フロー

(5) 使用時の注意点

3次元CADを使用する際の注意点は、大別して「**データ管理に関すること**」と「**設計時のミスに関すること**」の2つに分かれます。

(5-1) データ管理に関すること

図3-4-2のように3次元CADで作成した3Dモデルはリアルタイムで、他の工程で活用されます。3Dモデルで設計変更をすると、関連するすべての工程に影響が出ます。この変更の通知を正確かつ迅速に行わないと、後になって大きな損失を生むことになります。したがって、3Dモデルの最新版の管理には十分注意が必要です。

この問題の解決策として、図3-4-4のようにPDM、PLMが有効です。2次元CADでは工程ごとにサーバでデータ管理することが一般的ですが、3次元CADによる3Dモデルは、PDMによって一元管理することが可能です。PDMは3Dモデルに紐づけられた、BOMや付随するドキュメントなどの、最新版の管理、セキュリティ管理を行うデータベース管理システムです。さらに大きな概念として、3Dモデルに紐づけられた製品のライフサイクル全体に渡る情報を一元管理するのがPLMです。PLMは、モノづくりの上流に位置する企画・概念設計の情報や、顧客・販売情報、さらにメンテナンスや廃棄情報まであらゆる情報を管理するデータベース管理システムです。

(5-2) 設計時のミスに関すること

2次元CADの場合、設計時のミスは紙の図面が真っ赤になるほどの、修正（赤入れ）をする検図という形で取り除いていました。しかし、3次元CADが普及するにつれ、デジタルで設計情報の伝達や検図がされるようになると、従来とは違ったミスが散見されるようになりました。これは、設計の効率化を追求した結果、設計検討に必要な、①設計知識（力学や機構学、機械要素）、②図学の知識 ③機械加工の知識、④設計計算、などを設計者が理解・習得する間もなく、3次元CADがもつ便利な機能に頼ってしまっていることが一因です。

このようなミスをなくすためには、設計者のみならず照査、承認者が3Dモデルの状態でアセンブリや周辺情報を正確に検図できるマニュアルを作るなど、実際の運用に合わせた**仕組み作りと教育**が大切です。**表3-4-4**に身近な事例を列挙します。

表3-4-4　3次元CADによる設計の注意点

① 加工できない・加工難・高価

(a) 加工を配慮していない：フライス盤などの機械加工は、いったん材料を固定したら付け替えなしに一気に加工すると精度よく加工ができます。しかし、複雑な形状になるほど、材料を上下左右に付け替える必要が出てきます。これは精度の低下と加工工数の増大を引き起こします。3次元CADは複雑な形状でも、一体構造として描けてしまうために発生する事例です。後工程である加工に配慮した設計を心掛けましょう。

(b) 3次元の自由曲面：デザインを優先した3次元の曲面加工は、5軸NC工作機のような最先端な加工機であれば、加工が可能かもしれません。しかし、汎用のNC工作機で加工する場合は、3次元の自由曲面を多少簡略化して加工することになります。たとえ加工ができたとしても、加工後の測定・検証で行き詰ってしまいます。加工する装置のスペックや加工後の測定方法を調査しておくことは当然ですが、3次元の自由曲面などは必要最小限に留めることが賢明です。

(c) 微小、薄肉：3次元CADでは0.001mmの薄肉形状でも描けてしまいます。3次元CADの機能として、3Dモデルの微小、薄肉部をチェックすることが可能ですが、機械加工の限界と、必要強度を満たす材料選定など、何mmにすればよいかを決め込むだけの知識がなければ、適切に修正ができません。対策として、3次元CADを想定した設計標準の整備が有効です。

② 組立てられない

(a) ねじの干渉：3次元CADでアセンブリ（組図）を描く際、時間短縮・工数削減あるいはデータ容量の低減のため、ねじを書き込まない場合があります。その結果、組立ての際に、ねじの頭が部品に干渉したり、ねじが突き抜けて別の部品に干渉したり、さらには周りの部品が障壁となって工具が入らないといった不具合を引き起こします。対策は、アセンブリには、手間を惜しまずねじまで描きこみ、干渉チェックや工具を模した3Dモデルで組立シミュレーションをすることが有効です。

(b) 部品が入らない：3次元CADで陥りやすい事例です。たとえば、ティッシュペーパーの箱のような筐体の中に部品が入っている構造体を考えます。アセンブリ上では、内部に部品が入り組立が終了した状態を描きます。しかし実際の組立時に、内部の部品よりも開口部が狭くて入らないなど支障が出ることがあります。対策は、アセンブリが完成したらパーツを実際の組立順序に従って画面上で動かし、時系列で組立シミュレーションすることが有効です。検図の際も同様な確認が有効です。

(c) 累積公差が過大：3次元のアセンブリからパーツに分解する際、データム（基準面）に注意を払わない場合に起こります。複数の部品を組み合わせた際の累積公差は、アセンブリ上の基準面をもとに計算します。しかし、3次元CADでは、アセンブリ上の基準面をパーツのデータム面に正確に反映させないと、パーツに分解した際、基準ではない面が基準面として自動設定されることがあります。そのまま部品を加工し、いざ組み立ててみると予想外のズレが発生します。対策は、アセンブリ上の基準面と、パーツのデータム面が一致しているか、検図で確認する必要があります。また、3次元のパーツを基に2次元図面を描く場合には、寸法公差だけでなく幾何公差での図面指示も有効です。

③ 壊れる・倒れる

(a) 重心位置の見逃し：アセンブリ上で垂直に直立して見える3Dモデルでも、実際の加工品では、重心の位置が悪く支えがないと直立できないといったことが起こります。3次元CADには、3Dモデルの重心、重量、体積、表面積などを瞬時に計算する機能があります。一方、重心の位置は簡単に表示できるものの、アセンブリ上では重力が考慮されていないため、どんな形状でも位置が固定されたように見えてしまいます。検図の際は、個々のパーツの重心、組立て中の重心、組立が完了したときの重心、というように時系列での確認が重要です。

(b) 強度計算ミス：近年の3次元CADは付帯機能として、流動解析や構造解析ができるものがあります。設計者が扱うレベルなのであくまでも初歩的な解析にすぎず、解析結果は参考にはなりますが鵜呑みにするのは危険です。境界条件や重力、環境など全てを網羅して計算しているわけではありません。したがって、重要な箇所の計算は従来通り手計算で検証しましょう。

(c) 想定外の重量、サイズ：3次元CADのデメリットとして、サイズ感がわかりにくいことが挙げられます。2次元図面では、最初に縮尺を定義するため実物のサイズ、重量を類推しやすいのですが、3次元CADはマウスの操作で簡単に拡大・縮小できるため、縮尺に関する感覚がマヒします。見た目のままに設計・製作してしまうと、現物ができたときに想定外の重要やサイズに驚くことがあります。対策として、3次元アセンブリの中にたとえば人型のモデルを描くなど、実感が沸く対象物をアセンブリに入れ込むことが効果的です。

④ 外観不良・触覚不良

(a) 表面状態：3次元CADで描いた3Dモデルはどれも表面が平滑です。しかし、実際の加工品には加工跡が残ります。この加工跡は、工作機械でツールが走る方向や、材料自体の筋目が原因です。最終的な表面状態を考慮しないと部品の擦り合わせが悪い、滑りが悪いなどといった不具合が生じます。アセンブリ上で筋目の方向や表面粗度を検討し、パーツに分解した際に適切に指示することが重要です。ここでも幾何公差による指示が有効です。

(b) 意匠面：アセンブリ上では、どこが外観的に重要な意匠面か視覚的に理解しやすいです。しかし、それをパーツや2次元図面に分解した際に、意匠面の情報が抜け落ちることがあります。とくに、2次元では表現できない局面等です。対策は、仮に2次元図面で加工するとしても、3次元モデルの斜視図を添付するなど、次工程の理解を助ける工夫が有効です。

(6) これからの３次元CAD

(6-1) 実験計画法とCAEによる最適化

ほとんどの中級3次元CADソフトに搭載されている機能に、パラメトリック設計というものがあります（**図3-4-5**）。まず、設計テーブルに検討したいパターン毎に寸法A,B,Cを記入します。次に3Dモデルの方で、設計テーブルに記入した寸法と3Dモデルの寸法を紐付ける設定をすれば、パターンを呼び出すだけで3Dモデルの形状を瞬時に変更できます。これを実験計画法に応用すると、要求事項に対して最適なパターンを見つけ出すことが可能です。紙面の都合上実験計画法に関しての詳述は避け、ここでは操作の概略を記載します。まず、寸法A、B、Cの数値を因子として直行表を作成します。続いて、各パターンの3Dモデルに対して、順にCAEで計算をします。仮に、CAEの出力性能を強度とします。全てのパターンについて計算した後、寄与率やS/N比を求めると、設計パラメータごとの強度への影響度合いがわかります。これによって強度に関して最適なパターンを短時間で絞り込むことが可能です。

CAEの出力性能として強度や靱性、内部応力など、それぞれの結果に重みづけをして評価することにより、仮想空間で最適化を図ることが可能です。設計品質の向上とリードタイムの短縮など、フロントローディングの実現に効果が期待できます。このようなシミュレーションを、多変量かつ緻密、迅速に計算するためには、解析ソフトやパソコンなどのハード面の性能も大きく影響します。

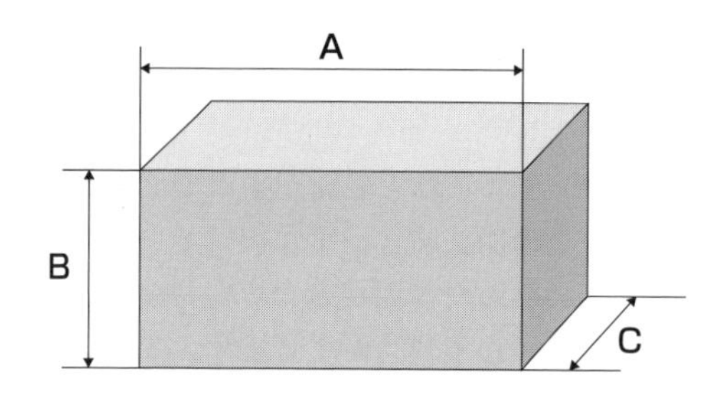

	A	B	C
パターン1	2	3	4
パターン2	2	4	4
パターン3	1	5	3
パターン…	…	…	…

図3-4-5　パラメトリック設計

(6-2) 外部ソースとの連携　3DAとDTPD

JIS　B0060-2015「デジタル製品技術文書情報」が近年、制定されました。

この規格は、3Dモデルをモノづくりフェーズ全体で活用しようとするバーチャルマニュファクチャリングを実践するための拠り所となるものです。一般機械、精密機械、電気機械などの工業分野で用いる**三次元製品情報付加モデル3DA（3D Annotated model）**の作成方法と、**総括的なデジタル製品技術文書情報DTPD（Digital Technical Product Documentation）**について規定しています。

図3-4-6のように、3DAは3次元CADを用いて作成した3Dモデルに、たとえば、材料、寸法公差、幾何公差、表面処理、溶接などの直接的に付加する**基本情報**と、間接的に2次元図面に記載する、部品名称、部品番号、使用個数、注記などのモデル**管理情報**を加えて作成したモデルを指します。

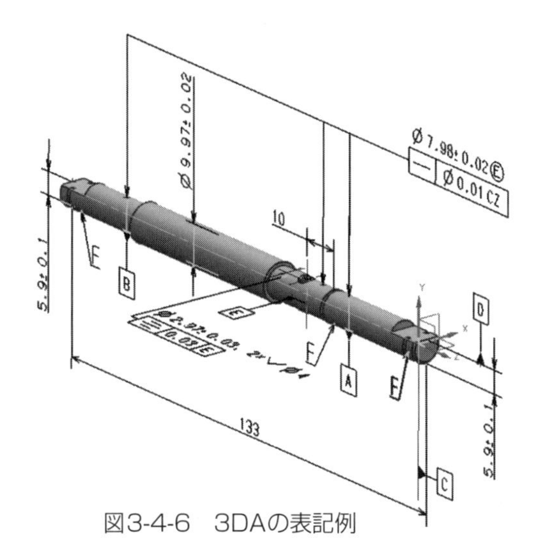

(出典：JEITA 3DAモデル
ガイドラインVer.3.0
平成25年9月改定)

図3-4-6　3DAの表記例

一方、デジタル製品技術文書情報DTPDは、3DAの情報のほかに、モノづくりフェーズで必要となる情報、例えば解析データ、試験データ、製造データ、品質データ、などの管理情報等を含んだデジタルデータのことを指します。

3DAを活用する最大のメリットはモノづくりフェーズにかかるリードタイムを短縮できることです。**図3-4-7**はその概念図です。3DAを活用する前の設計では、詳細設計のフェーズにおいて、3次元CADデータをいったん2次元CADに変換してから後工程に出図をしていました。受け取った製造部門も、2次元CAMで処理をしており、3次元から2次元への変換の手間がかかります。このような手順が習慣化している企業も多いのではないでしょうか。一方、3DA活用後の設計では、3次元CADモデルに各種情報が付加されているため、3Dモデルを3次元の状態で製造部門へ渡し、そのまま3次元CAMで読み込むため、2次元CAMを介さずにモノづくりを完結できます。3DAを活用したモノづくりの実施例も増加しており、今後目が離せません。

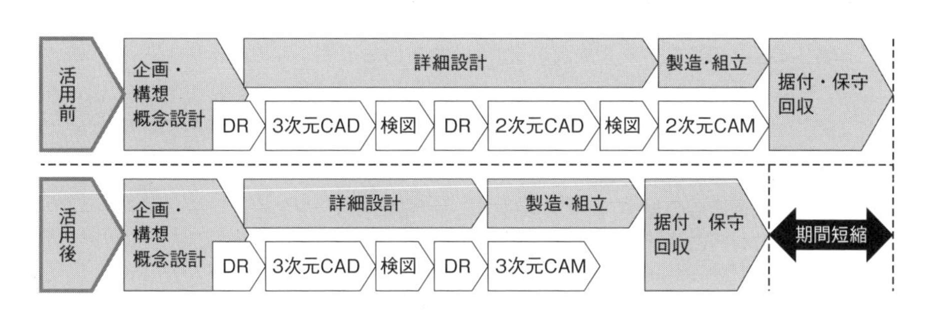

図3-4-7　3DA活用による効果

3-4-2 3Dプリンタ

(1) 3Dプリンタとは

(1-1) 3Dプリンタの歴史

3Dプリンタの歴史を紐解くと、1980年に光造形として特許が出願された頃に遡ります。**表3-4-5**は3Dプリンタの歴史の概略を示したものです。近年、3Dプリンタが注目されるようになった要因の1つは、2012年に出版された米国ワイアード誌編集長クリスアンダーソン氏の著書、「MAKERS」の影響です。著書は、“今まで製造者と消費者が明確に分かれていた時代から、製造に関する経験を持たない消費者が製造者に成り得るのだ”、という気づきを与えています。

表3-4-5 3Dプリンタの歴史

1980年	名古屋工業試験場の小玉氏が光造形の特許出願（未請求取り下げ）
1986年	米国のチャックハル氏が光造形の特許取得、3Dsystems社を創業
1987年	3Dsystems社が世界初の3Dプリンタを上市
1989年	米国Stratasys社が熱溶融積層法の特許取得
1996年	結合材噴射法によるフルカラー3Dプリンタの上市
2009年	米国Stratasys社の熱溶融積層法の特許が失効
2009年	Makerbot社から低価格3Dプリンタが上市
2012年	ホットプロシード社から国産初の3Dプリンタが上市
2012年	クリスアンダーソン氏「MAKERS」出版
2013年	オバマ大統領が演説で3Dプリンタによるイノベーションを宣言
2013年	日本再興戦略で3Dプリンタ研究の国家プロジェクト化を決定
2015年	JISへ三次元製品情報付加モデル3DAが規定
2016年	ISOとASTMが国際基準企画策定のためのフレームワークを制定

普及の足かせとなっていた基本特許が2009年に失効した後、多くのメーカーが競って参入し、ハード・ソフトの面で開発が進みました。また、各国が国家プロジェクトを組んで調査・研究を開始し、メディアでも取り上げられる機会が多くなりました。そして近年、産業用途から個人用途への普及を後押しした要因の1つは、3次元CADを含めた周辺機器の低価格化（中にはフリーのソフトもある）にあります。**表3-4-6**に3Dプリンタ普及の要因をまとめました。

表3-4-6 3Dプリンタ普及の要因

1）基本特許の失効
2）使用者の増加、製造業以外のユーザ増加、メディアの注目
3）材料の選択肢増加
4）ソフト・ハードの低価格化
5）ソフトの充実（3D-CAD、3D-CAM）
6）3Dモデルデータの流通（専用サイト、モデルデータ売買ビジネス）

(1-2) 3Dプリンタの特徴

2次元のプリンタ（一般的な呼称はプリンタ）は、紙などの2次元の平面にインクやトナーで文字や、絵を描画する装置を指します。一方、3Dプリンタは、3次元CADで描いた3Dモデルから、リアルな3次元の物体を作り出す装置で、デジタルマニュファクチャリングを実現するための1つのツールです。**図3-4-8**のように3Dモデルを高さ方向に平面状にスライスして、樹脂あるいは金属等を順に積層することで立体形状を形成します。

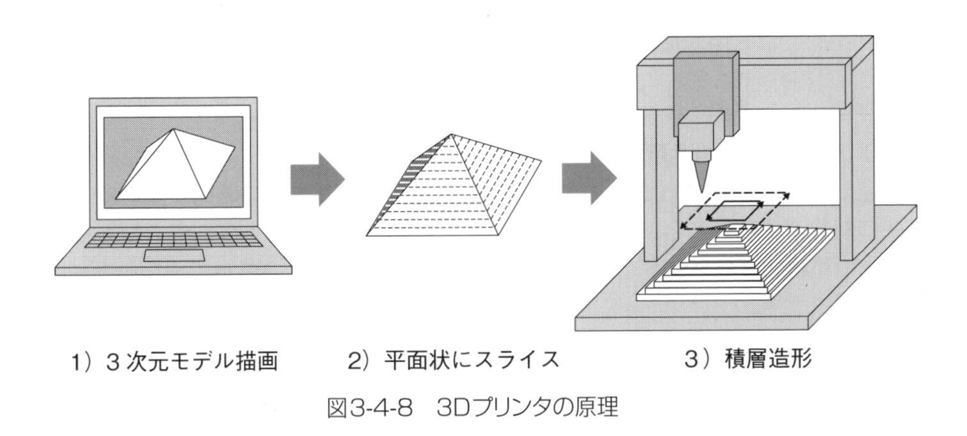

図3-4-8　3Dプリンタの原理

現在、3Dプリンタの応用が期待されている分野は、工業、建築、教育、医療などです。産業用途としては、試作・検討用のラピッドプロトタイピングがあります。また、個人用途としても近年普及が目覚ましく、玩具、インテリア、食器、食品にまで至ります。着実に、私たちの生活に入り込んできています。

では、3Dプリンタを使用するとどのようなメリットがあるのでしょうか。

最大のメリットは**設計してから3次元の物体ができるまでの時間が短い**ことです。従来、3次元の物体を作るためには、図面を作成した後、加工して組み立てる作業が必要でした。当然それは製図の知識、加工の知識や経験、組み立てノウハウなどが揃って初めて成立するものでした。しかし、3Dプリンタの登場によって、モノづくりに関する専門の知識や経験がなくとも3Dモデルさえあれば、3次元の物体を作成することができるようになりました。消費者がスキルレスで生産者になるともいえるのです。

また、3Dプリンタは3次元モデルのイメージ通りに形を形成できることから、一般の機械加工に比べて加工形状の制約が少ないです。さらに、できた造形物に対して切削、塗装、表面処理といった2次加工が可能であり、意匠性にも優位性があります。これらのメリットとデメリットを**表3-4-7**にまとめました。

表3-4-7　3Dプリンタのメリット・デメリット

メリット	デメリット
高速加工	3Dデータ作成のスキル要
スキルレス(造形)	材料の制約
全自動	サイズ制約
形状制約少	精度低
意匠性高	強度低
特殊形状加工可	コスト高

(1-3) 3Dプリンタの活用の仕方

前述のように、3Dプリンタの主なメリットは、**できるまでの時間が短いこと**と**形状の制約が少ないこと、意匠性があること**です。3Dプリンタは、**モノづくりプロセスの革新**と**プロダクト（製品そのもの）の革新**の2通りの革新につながると考えられています。

①プロセスの革新

・スピード：顧客の要求する機能・イメージを即座に形にする
・形状の制約が少ない：機械加工が不可能な複雑な構造体をつくる
・意匠性：オリジナルなデザインの製品を少数生産する

②プロダクトの革新

・スピード：3次元CADで描いたアイデアをいち早く形にして検証する
（ラピッドプロトタイピング）
・形状の制約が少ない：構想段階で軽量化や材料削減の機能検証をする
・意匠性：見て触れられるサンプルをつくる

一般に、金属、樹脂といった材料を加工する場合は、除去加工、付加（積層）加工、変形加工、成形加工の4つに分類されます。このうち3Dプリンタは、付加（積層）加工に該当し、英語ではAdditive Manufacturing（AM）といいます。注意が必要なのは、付加（積層）加工は方式の違いによって造形物の性能が変わるということです。必要とする性能に合わせて3Dプリンタの方式を選択する必要があります。

また、3Dプリンタは同じ方式であってもメーカーごとに性能が大きく違います。その他、大掛かりな付帯設備が必要な方式もあるため、導入時には3Dプリンタに関する基礎的な知識の習得と十分な検討が必要です。

(2) 3Dプリンタの基本的な使い方

3Dプリンタの使い方を、時系列に沿って説明します（図3-4-9）。

＜準備作業＞

① 3Dモデルの準備

3Dモデルの作成方法は、主に3通り存在します。

・3次元CADで新規あるいは従来のデータを編集する
・既に存在する物体を3Dスキャナで測定・モデル化する
・3次元断層撮影CT（Computed Tomography）で測定・モデル化する

3Dプリンタに必要な3Dモデルの拡張子は、一般にSTL（Stereo lithography）です。3次元CADなどで作成したファイルの拡張子がSTLでない場合は、変換ソフトで中間ファイルを経由して最終的にSTLに変換できれば問題ありません。

② 材料の選定

造形物に必要な機能を洗い出し、材料を選定します。材料の主な性能パラメータは色、強度、耐熱性、耐溶剤性、質感、価格、環境性能です。現在は、装置メーカーが方式に合致した専用の材料を供給するパターンが大半のため、装置と材料はセットで検討します。メーカーの鋭意努力により次々に新材料が登場するため、日頃の情報収集が欠かせません。

③ 方式の選択

方式により造形物の性能が変わることは既に述べました。また、方式それぞれで必要な付帯設備が違うため、生産場所で付帯設備の導入が可能か確認をします。また、3Dプリンタの稼働中は、臭気、光、熱、振動、廃棄物が発生するため、労働環境への配慮も大切です。自前の装置だけでなく受託加工やオープンラボ（民間・公的機関など）をうまく活用して、目的の性能に合致した方式を選択しましょう。

④ 2次元のスライスデータに変換

拡張子がSTLの3Dモデルを、3Dプリンタに対応したCAMソフトに読み込み、データの欠陥（穴あきや欠けなど）や形状の補正を行います。次に、サポート材の形状やノズルの走査方向、造形物の向きを検討して設定をします。

最後に、2次元のスライスデータに変換し、NC制御に必要なプログラムコードであるGコードを使って、描画プログラムを出力します。

＜造形作業＞

① 造形開始

装置内の造形テーブルに造形物が張り付かないように剥離紙を敷きます。

3Dプリンタに適合した材料をセットし造形を開始します。一般に、造形の開始から終了まで装置は自動で運転するため、その間、別の作業をしたり、夜間に運転したり、効率良く造形する工夫をします。

② サポート材除去

3Dプリンタは2次元のスライスデータを積層して造形するため、形状の自由度が高いことが特徴です。しかし、逆三角形の形状や、途中に穴が開いている形状では、造形中に倒れたり、位置がずれたりするため精度よく加工ができません。そこで、造形物の倒れ防止や位置ずれ防止のためにサポート材が使用されます。サポート材は一時的に造形物とつながっている支柱であり、造形後は除去します。サポート材の除去は、ニッパを使っての切断や、水や強アルカリによる溶解が一般的です。

③ 二次加工（バリ取り、切削、塗装、表面処理など）

造形物は、目的に応じて最終仕上げを行います。サポート材を除去した後のバリを取るためのヤスリがけや表面処理などがあります。造形物を工作機で切削加工しさらに寸法精度を向上することも可能です。意匠性確認用のサンプルなど外観が重要な場合は、塗装や表面処置といった二次加工がなされます。

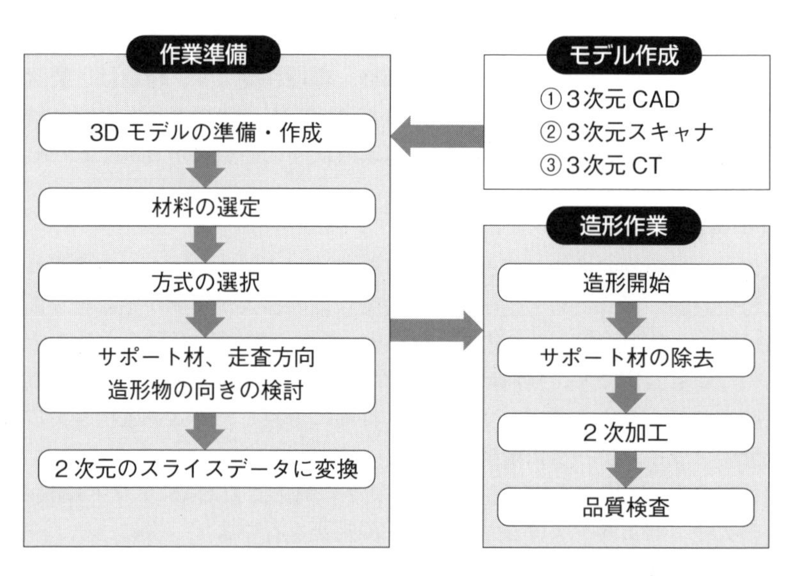

図3-4-9　3Dプリンタの使い方

(3) 使用時の注意点

3Dプリンタは3Dモデルさえ準備できれば造形できる手軽さが特徴です。では、造形物の品質はどのように保証すればよいでしょうか。現在、3Dプリンタに関する品質保証の規格作りがISO／ASTMで進められており、経過を注視しましょう。その他に、一般的には次の項目に注意が必要です。

(3-1) コンプライアンスの遵守

① 製造物責任法（PL：Product liability）

製造物の欠陥により人の生命、身体または財産に被害が生じた場合、製品の欠陥を証明することにより、その製品の製造者に対して損害賠償責任を負わせることを定めた法律。

② 廃棄物の処理及び清掃に関する法律

廃棄物の排出抑制と処理の適正化により、生活環境の保全と公衆衛生の向上を図ることを目的とした法律。

③ 知的財産基本法

人間の知的活動によって生み出されたアイデアや創作物などに、財産的な価値を定義し保護する法律。特許権、実用新案権、意匠権、商標権、著作権などがあり、侵害することが無い様にライセンス契約等の対処が必要になります。

（侵害しやすい造形品：キャラクター、ロゴ、美術品、文化財）

④ 法規、倫理、モラル

2014年には3Dプリンタ製の銃を所持して逮捕者が出ています。表現の自由といえども、自由には責任が伴います。社会の規範に反するような行動は、国内外問わず各種法律によって制限されます。また、法律を犯さないまでもグレーな部分については倫理、モラルによって思想や行動に責任を持つ必要があります。

（注意すべき造形品：銃砲、刀剣）

⑤ 情報セキュリティ

製品技術文書情報DTPDがJIS化され、3Dモデルに関する情報管理のガイドラインができました。また、JIS Q27001では情報セキュリティーマネージメントシステムISMS（Information Security Management System）を規格化しています。3Dモデルは、デジタルマニュファクチャリングにおいて重要な情報に位置づけられています。第3者とデータ交換する際は、秘密保持契約NDA（Non-disclosure agreement）を締結するなど、取り扱いには十分に注意しましょう。メールや記憶媒体を通した漏えいリスクに対しては、暗号化するなど、送信・受信側が双方でルールを制定し、運用状況を定期的に監査することが有効です。

（3-2）材料特性の把握

一般的に、3Dプリンタで使用する材料は従来の機械加工で用いる材料と比べて、強度や耐熱性が劣ります。また、3Dプリンタは、樹脂や金属を加熱する際、ノズル等を走査させて積層します。この走査方向や順番によって強度や精度に違いが出るため、造形条件と性能の比較・検証が重要です。材料や方式の評価データは、メーカーごとに評価方法や単位に差があるため注意が必要です。

その他の3Dプリンタの注意点を**表3-4-8**に示します。

表3-4-8　3Dプリンタの注意点

①内部の巣(中身が詰まった形状は難しく空間が空く)
②ねじ形状(強度不足、形状が不完全)
③サポート材の位置・個数による出来栄え変化
④内部応力(材料固化時の材料性能のムラ)
⑤耐光性(おもに紫外光による劣化)
⑥溶剤耐性(材料によっては加水分解する)
⑦品質の信頼性 品質は工程で作りこむ考え方が合致しにくい

(4) これからの3Dプリンタ：トポロジー最適化を活用した3Dプリンタ

1990年代初頭くらいから、「パラメトリック型」と呼ばれる3次元CADが出現してきました。パラメトリック型の3次元CAD上で、寸法A、B、C、Dを設定しておき、例えば強度という性能に対して、形状を維持したまま寸法のみを変化させて、最適解を探ることが可能です（寸法最適）。一方、寸法変更を伴う外形の形状をも変化させる最適化が形状最適です。さらに、トポロジー（位相）最適化は、外形だけでなく内部の形状をも変化させて性能に対する最適解を探る手法です。

例えば、**図3-4-10**の左端図のようにL型の物体に矢印の方向に荷重を加えるとします。次に、3Dモデルを使用してCAEによって強度解析をします。得られた強度分布の結果から、強度に寄与している部分とそのほかの部分に分けて、3次元モデルに付加あるいは除去すると右端図のような強度に関して最適形状が得られます。

トポロジー最適化では、制約条件と最適化する性能（強度、たわみ、内部応力など）を設定し計算を繰り返すことで、最終的には、目的とする性能を必要最低限の立体形状で実現する3Dモデルを導びけます。

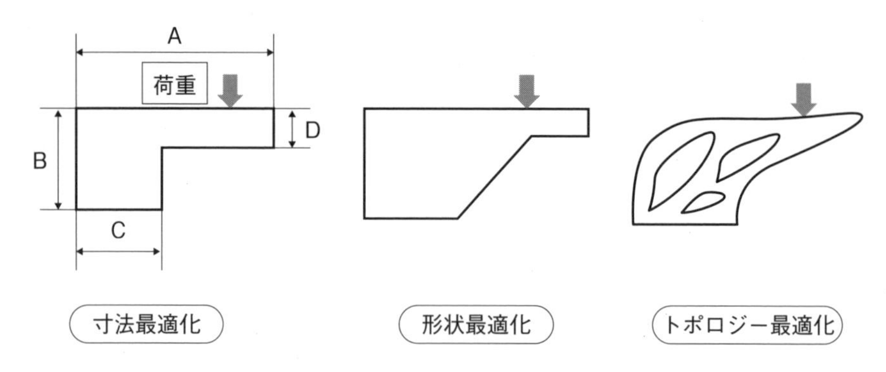

図3-4-10　トポロジー(位相)最適化

トポロジー最適化から導かれる3Dモデルは、CAEの計算結果を基にしているため、工作機で加工が可能かは考慮されていません。今までは、計算はできても加工ができない状況でした。ところが、3Dプリンタの登場により複雑な形状の加工が可能になったことで、トポロジー最適化で導かれた形状を実際に再現できるようになりました。これによってCAEの計算結果に対して実物で検証が可能となったのです。結果として、軽量化や材料費削減、予想を超えた意匠性の付与など多くの効果が期待できます。

トポロジー最適化は、ソフトとハードの技術進展を追い風に、さまざまな研究・開発が行われています。トポロジー最適化と3Dプリンタの組み合わせは、製品の差別化という意味で、今後大きな役割を担ってくれそうです。

第4章

詳細設計

次は製品の具現化や!

(ノ≧o≦)ノ ┤ﾟ･:.｡

昔に比べて便利なツールや手法がでとる。
うまく使いこなして、いいもんつくるで〜!

(*￣∀￣)"b" チッチッチッ

第4章	1	詳細設計と試作検証に3次元CAD/CAM/CAE・クラウドを使ってみる

現在では、設計する際に使用するのが必須となっている3次元CAD／CAM／CAE、そして、実用化がはじまっているクラウドコンピューティングですが、設計の際にどのようにすれば有効活用できるのでしょうか？また、使用する際の注意点はないのでしょうか？

本節では、簡単に3次元CAD／CAM／CAEとクラウドコンピューティングの歴史を紐解いた上で、これらの有効活用法と使用の際の注意点について述べたいと思います。

4-1-1 3次元CAD／CAM／CAE／クラウドの歴史

もともと、最初に提唱されたのは、広義の意味でのCAE（Computer Aided Engineering：コンピュータ技術を活用して製品の設計、製造や工程設計の検討の支援を行うこと、またはそれを行うツール）で、CAD（Computer Aided Design）／CAM（Computer Aided Manufacturing）もその一部として定義されていました。

1950～60年代に入ると、CAEは狭義の意味で「有限要素法等の数値解析手法を用い、製品の設計や開発において、工学的な手法による解析、シミュレーションをコンピュータによって支援すること（コンピュータシミュレーション）」と定義され、1980年代までは、2次元CAD／CAM／CAEがそれぞれ独自の進化を遂げます。一方、1980年代から、3次元CADの研究が活発になり、1990年代から、特殊な加工法や高度なコンピュータシミュレーション（強度計算・流体計算など）を除いて、3次元CAD／CAM／CAEは統合への道をたどります。

また、CAD／CAM／CAEのベースとなるハードウェアはメインフレーム（昔のスーパーコンピュータ）→ エンジニアリングワークステーション → PC（パソコン）へと移り変わり、2010年代に入り、現在のスーパーコンピュータ（スパコン）やPCクラスタ（複数のPCをネットワークで接続し、1つのPCに見立てて使用すること）を用いた「クラウドコンピューティング」環境に進化しています。

年代	CAD	CAM	CAE(狭義)	ハードウェア(クラウド)
1950年代	広義のCAE(概念) コンピュータ技術を活用して製品の設計、製造や構造や工程設計の検討の支援を行うこと、またはそれを行うツール			
1960年代	2次元CADが主流	2次元CADデータを参考にしたソフト(切削加工)	有限要素法(強度計算)	初期のコンピュータ(電卓レベル)
1970年代			上記に加え 差分法 有限体積法 ・熱流体 ・電磁場 など	
1980年代	3次元CADのベース(研究レベル)	3次元CADと連動(切削加工)		メインフレーム(昔のスパコン)
1990年代	3次元CAD実用化 単体の機能 ↓ CAM/CAEとの連携が強まる	3次元CADと連動(光造形が加わる)	3次元CADとリンクしたCAEソフトの実用化 簡易解析 ↓ 高機能化	エンジニアリングワークステーション
2000年代		3次元CADと連動 ・切削・曲げ 溶接加工 ・3Dプリンタ		パソコン(PC)の高機能化
2010年代〜				スパコン、PCクラスタを利用したクラウドサービス

図4-1-1　CAD／CAM／CAEおよびクラウドコンピューティングの歴史と進化

図4-1-1にCAD／CAM／CAEおよびクラウドの進化の過程をまとめました。

それでは、クラウドコンピューティングを利用した3次元CAD/CAM/CAEシステムの有効活用と、使用時の注意点について述べたいと思います。

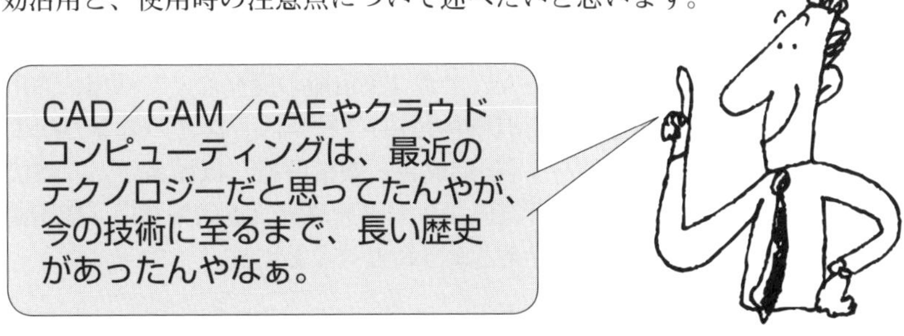

CAD／CAM／CAEやクラウドコンピューティングは、最近のテクノロジーだと思ってたんやが、今の技術に至るまで、長い歴史があったんやなぁ。

4-1-2	3次元 CAD／CAM／CAEと クラウドコンピューティングの有効活用

(1) 3次元CAD

3次元CADは、「試作前に、製品の形状をイメージ化する」ソフトです。かつては、製品イメージを想定して、2次元CADで平面上に3面図で形状を作成していました。しかし、3次元CADの出現により、立体的に製品の形状を作成できるようになり、製品のできあがりのイメージがしやすく、DR（デザインレビュー）の際に、企画－設計－生産技術のメンバーが集まって、製品が顧客の好むデザインになっているか？操作や機能性はどうか？つくりやすい製品に設計できているか？などが、2次元図面をよくわからないメンバーでも議論できるようになりました。

また、コンピュータグラフィックスやアニメーションとも連動して、その製品が動作しているときの見栄えもよくわかるようになりました。昨今は、製品開発のみならず、3Dの映画などにも利用されるようになっています。

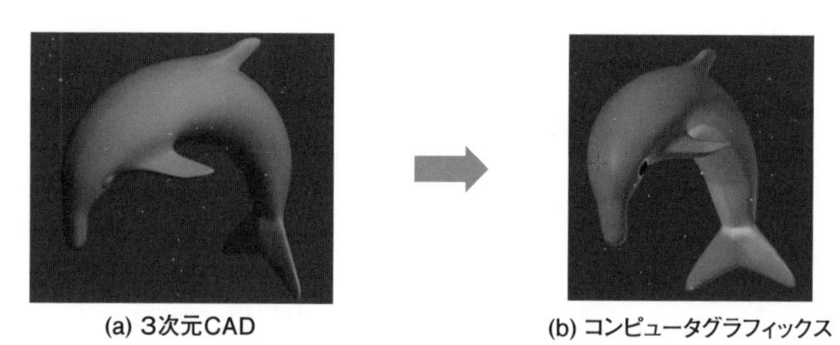

(a) 3次元CAD　　(b) コンピュータグラフィックス

（出典：IT Monoist記事「無償3D CGソフト『Blender』の操作」より）

図4-1-2　3次元CADからCGへ

(2) CAE

CAEは、1950年代から航空機の翼の剛性計算や機体強度などの計算をコンピュータでできるかという研究から端を発した、「複雑な設計形状でも、速く確実に計算してくれる高度な計算機」として生まれました。その際に「有限要素法」という計算力学手法が開発され、NASAのアポロ宇宙船の開発などで活用、商用化されました。並行して「差分法」や「有限体積法」「粒子法」などの計算力学手法が開発され、「構造解析（材料力学）」「振動解析・機構解析（機械力学）」「熱伝導・流体解析（伝熱工学、流体工学）」「電磁場・電磁波解析（電磁気学）」「樹脂成形（樹脂流動学）」などのCAE解析が行えるようになりました。

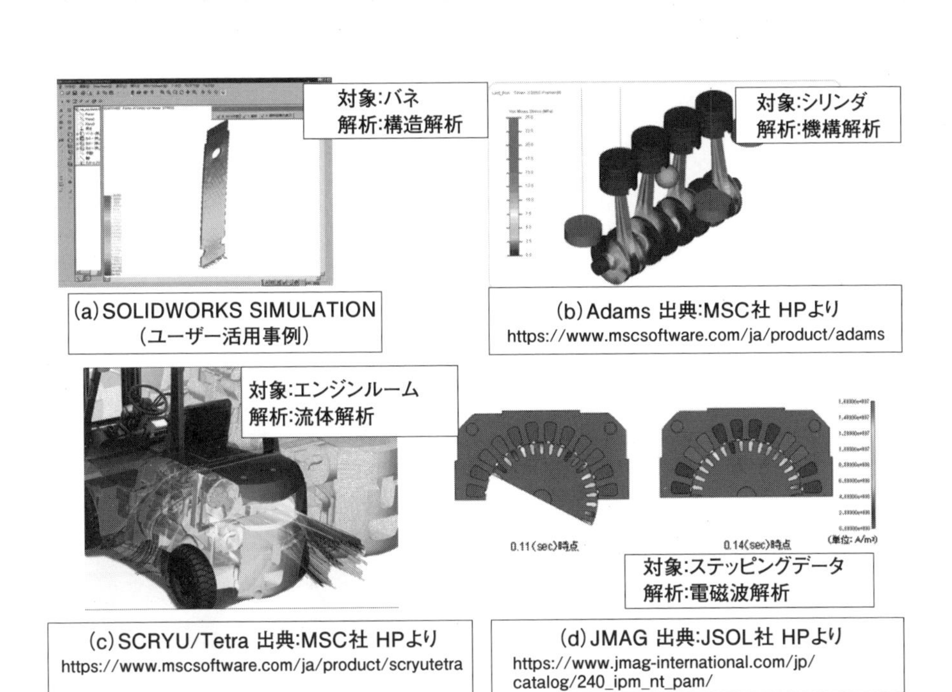

図4-1-3　各種CAE事例

CAEを使用する意義は下記の3点です。

- CAEは、さまざまな工学計算が可能（マルチフィジックス）
- CAEは、ミクロ・ナノ（半導体など）のような小さなものから、地球規模の大きさ（気候変動など）のものまでの工学計算が可能（マルチスケール）
- CAEは現象を可視化してくれる。応力や温度、電磁場や、物体の内部の挙動まで、通常は見ることができないものを可視化してくれる。

最近は、CAE解析のベースの有限要素法を用いて、箇所別の応力、ひずみなどを計算するために必要な要素分割（メッシュ作成）が自動で行えるようになったため、CAEは3次元CADソフトに組み込まれるようになってきており、また、「連成解析」（例えば、**図4-1-4**のような、熱の影響を考慮した変形）ができるようになってきました。

現在は、単独の工学のCAE解析から、「加工の影響を考慮した製品設計」や「機能（例えば電力）と制約条件（熱、ノイズ）を考慮した製品設計」まで行えるようになっています。今後もCAEは、前述で述べたAIやIoTと連携しながら進歩していくことでしょう。

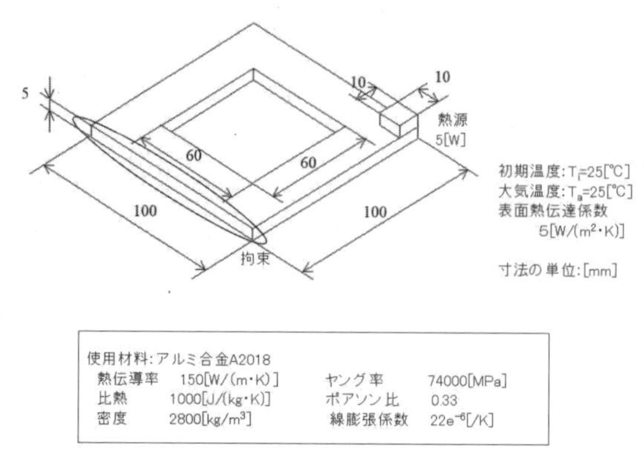

(a) CAE解析モデル

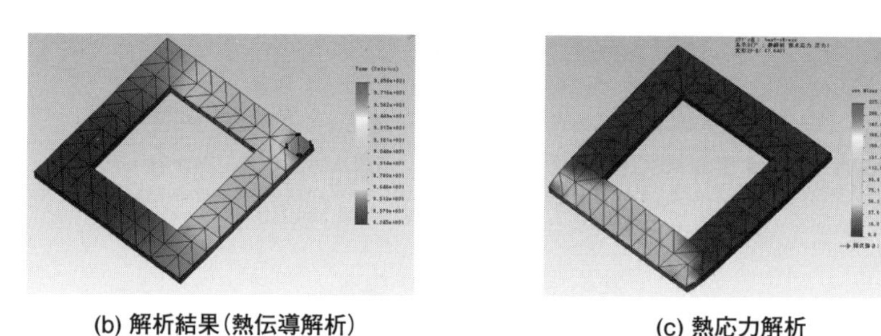

(b) 解析結果(熱伝導解析)　　(c) 熱応力解析

図4-1-4　3次元CADに搭載されたCAEによる連成解析事例

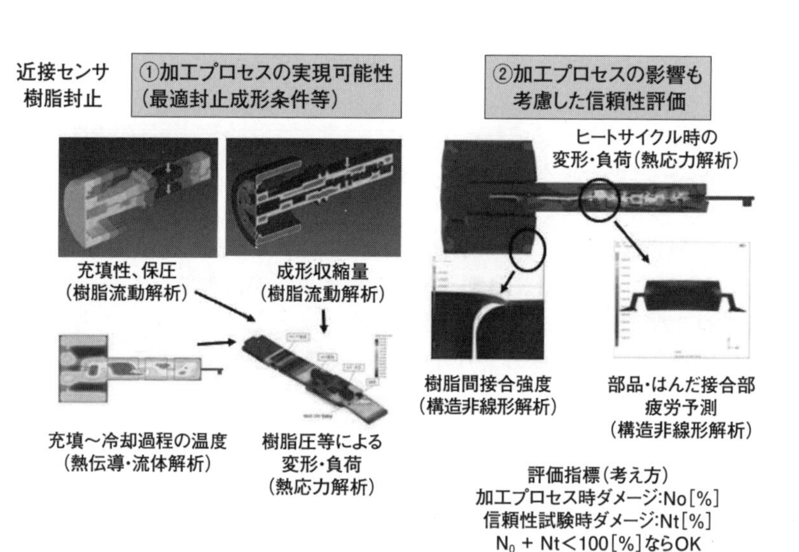

図4-1-5　CAE解析　応用例(加工の影響を考慮した製品設計)

図4-1-5は、工場の生産ラインなどで使われる近接センサ（磁気センサ）の例です。近接センサの機能は、「金属物体を検知する」ことですが、制約条件として、生産工場などで使用されるため、使用環境考慮し耐油・耐水性を確保しなければなりません。そのため、近接センサ内部の基板を樹脂でコーティングしています。しかし、樹脂成形時の圧力、温度で基板が曲がったり、部品が耐熱温度を超えたりする場合がありますので、樹脂成形解析、熱伝導解析、構造解析を連成させ、加工時に不良が起きないようにします。

さらに、加工時の残留応力を考慮した上で、製品使用時の条件（ヒートサイクル）を計算し、樹脂で接合した部分が破壊しないか？部品のはんだ接合部が壊れないか？などを算出・評価します。

(3) CAM

1970年代までは、2次元CADが主流だったため、2次元CADの形状を読み取ったプログラマが、旋盤・フライス加工等の工具のツールパス（使用する工具と、その工具が通る経路：NCデータ）を作成していました。

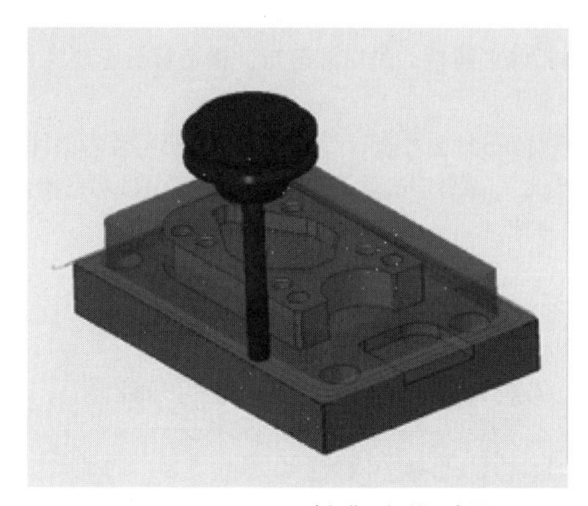

（出典：無償3次元CADソフト「Fusion 360」事例、「CAD/CAM/CAE研究所」様HPより）
https://cad-kenkyujo.com/2016/08/24/fusion360_cam/

図4-1-5 3次元CAD/CAMを使ったツールパスシミュレーション

1980年代に入ると、製品形状をそのまま立体的に表現できる、3次元CADの前身「ソリッドモデラ」が大学などの研究で活発になり、ソリッドモデラで作成した形状に沿った工具のNCデータが自動で生成できないかという研究が進みました。そして、3次元CADの商用化に伴い、自動でNCデータを生成できるCAMソフトが充実してきました。

切削加工用のCAMの技術は、フライス（2軸、3軸、5軸）、穴加工、旋盤加工など進歩し、今や製品の切り出しのみならず、金型の製作にも使用されています。また、3次元CADに「板金加工」時のできばえを評価する機能も付き、かつ、金型の製作精度の向上に伴い、射出成形・射出圧縮成形などの樹脂成形加工も進化しています。さらに、3次元CAD／CAM／CAEの連携による、アーク・レーザ・超音波等の溶接の事前検証に対する活用も期待されています。

図4-1-6　射出圧縮成形

もう1つ、CAMの進化に革新を起こしたのは、1990年代に起こった「光造形」からはじまり、2010年代に進化した「3Dプリンタ」による樹脂造形、金属造形です。本内容については、メリット・デメリットも含めて、別途、「3-4　イメージしたものをすぐに形にできる3次元CADと3Dプリンタの使い方」の節で述べました。

(4) クラウドコンピューティング

「クラウド」という言葉は、正式には「クラウドコンピューティング」と呼ばれており、インターネットなどのネットワーク経由でユーザーにサービスを提供することを指します。クラウドを直訳すると「雲」という単語になります。

なぜ、上記のようなサービスのことを「クラウド」と呼ぶかについては、定説があるわけではありませんが、「ユーザーがソフトウェアやデータの物理的な保存場所（サーバの設置場所）を意識することなく（雲の中にいるようなイメージで）、コンピュータから提供されるサービスを利用する」ということからきているようです。このサービスの中に、3次元CAD/CAM/CAEなどのソフトウェアやAI・IoTなどのデータ活用も含まれています。

3次元CAD／CAM／CAEおよび、AIやビッグデータを取り扱うIoTを有効に活用するためには、個々の企業でサーバーを管理するよりも、大規模な計算ができるようになり、それに耐え得る高速なインターネット（ネットワーク）を使えるスーパーコンピュータやPCクラスタを用いたほうが有効になってきました。また、スーパーコンピュータやPCクラスタ、およびその中に保存されているデータを一元管理したほうが、企業として管理コストとリソース（サーバを管理するヒト）を少なくすることができることもあり、クラウドコンピューティングサービスが発展してきています。

図4-1-7　スーパーコンピュータ「京」(著者撮影)

4-1-3	3次元CAD／CAM／CAEと クラウドコンピューティング活用時の注意点

(1) 3次元CADとCAE活用時の注意点

いくらコンピュータパワーが向上したとしても、3次元CAD上のCAEソフトにある「自動メッシュ作成」機能は万能ではありません。あまりに形状が複雑な場合、「メッシュが作成されない」というエラーが起こる可能性があるので、CAE解析を行うときは、「どの部分の結果を見たいか？（どの部分が壊れそうか？)」などをある程度、過去の経験から考えた上で結果が見たい箇所のみを細かく3次元CADで形状をつくり、その他の個所は、形状を粗くするなどの工夫が必要です。(例えば、「ねじ」のテーパを含めてモデリングしても、「メッシュ作成」でエラーが起こる可能性があるので、「ねじ山のつぶれ」などは、CAEで計算するよりも、機械実用便覧などの数式を使ったほうがよいでしょう。

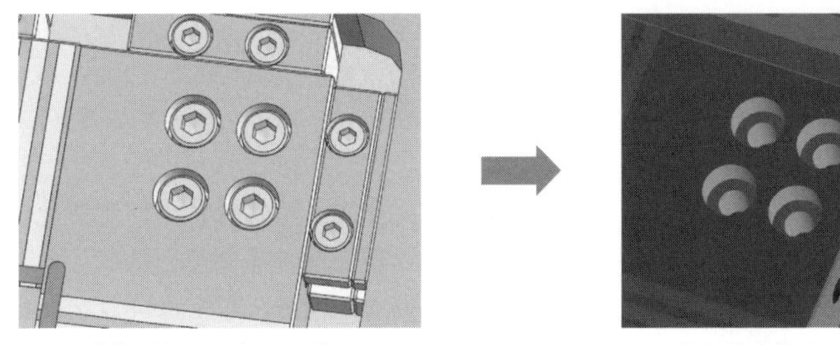

図4-1-8　CAE解析を正常に行うためのねじの省略
（強度計算に不必要なねじはモデルを省略する）

（2）3次元CADとCAM活用時の注意点

3次元CADでは、どのような形状を作成することができます。しかしながら、それを製造しようとするときに、「工具と製品が干渉して、NCデータができない」「成形については、「金型形状が複雑になる」「製品形状にテーパをつけておかないと、金型から製品が抜けない」などの不具合が起きます。

製品を詳細設計するときは、下記のことを考えましょう。

・加工のしやすさを考慮した形状にすること。

・テーパなど、3次元CADだけで表しにくい形状の場合は、3次元CADと2次元CAD図面をセットで管理し、2次元図面にテーパを追記するなどの処理を行うこと。

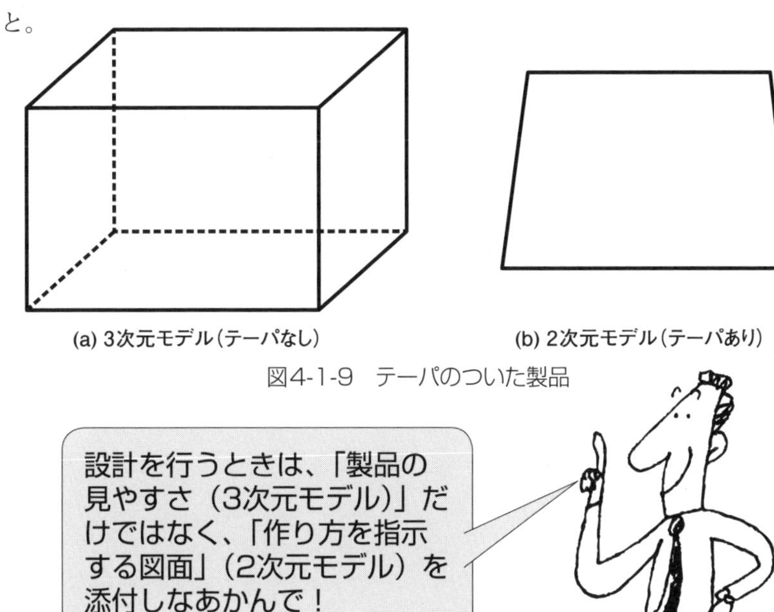

図4-1-9　テーパのついた製品

設計を行うときは、「製品の見やすさ（3次元モデル）」だけではなく、「作り方を指示する図面」（2次元モデル）を添付しなあかんで！

(3) クラウドコンピューティング活用時の注意点

クラウドコンピューティングでは、さまざまな企業と共同で１つのスーパーコンピュータやPCクラスタを活用します。そのために注意すべき点は下記の２点です。

・情報のセキュリティ

基本は、スーパーコンピュータおよびPCクラスタを管理している業社が管理していますが、使用する我々企業側も、重要な情報漏洩を防ぐために、どこまでが「オープンしても良い情報か？」「この情報は、企業としては「コア技術」なので、管理に注意しよう」ということを明確にしておきましょう。

・検討結果の保存（専用のハードウェア、ネットワークの専用回線の準備）

クラウド活用のメリットとして、「ビッグデータでも取り扱える」と述べましたが、最終的には、検討結果は、企業のハードウェアで管理します。その際に管理できるような「ハードディスクの準備」「データを企業のハードウェアに転送するための専用回線の準備」が必要になります。

以上のことを注意して、最先端の3次元CAD／CAM／CAEおよびクラウドを活用しましょう。

第4章	2	自動化のための製品設計

4-2-1　自動化とは～求められる背景

自動化やロボットという言葉を日常的に聞く機会が多くなりました。どのような背景があるのでしょうか。2-2章で触れたように日本は少子高齢化による労働生産人口の減少によってすでに人手不足に陥っており、また今後も加速が予測されます。政府、産業界は労働生産人口を増やすことに加え、今ある労働力から最大限のアウトプットを引き出す労働生産性の向上に取り組んでいます。

ここでいう労働生産性とは、単位時間に1人で生産するアウトプットを意味します。つまり、生産工程の自動化やロボットの導入は労働生産性の向上につながる施策で、経済発展のための喫緊の課題の1つなのです。さらに、自動化やロボットへの期待は、コスト削減や品質保証など多岐に渡ります。（**図4-2-1**）

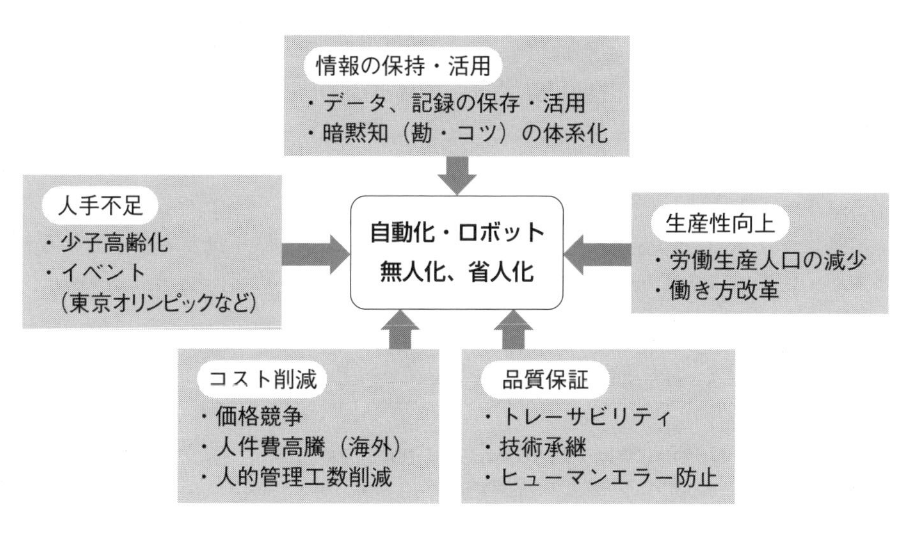

図4-2-1　自動化・ロボットへの期待

ところで、ロボットを購入すれば生産工程の自動化が即実現するのでしょうか？現実には考慮すべき課題が多数存在しうまくいきません。設置環境、製品形状、操作スキル、技術・法規上の制約などがあり、購入するまでの事前準備に加え、生産工程に導入後も調整作業など、多くの労力・時間・費用を要します。

ロボットの開発は日進月歩で進捗しており、すでに双腕ロボット、特殊環境ロボットなど、特定の分野で人間の能力以上の機能を持ったロボットが存在します。さらに、人間の5感に代わる情報を収集・集約・伝達するIoTや、分析・統合するAIをロボットに融合することで、さまざまな広がりが期待できます。しかし、いくらロボット側の技術が発達したとしても、生産の対象となる製品そのものの形状や材質が、ロボットが扱うことのできる範囲の中になければ、多くの労力・時間・費用を投資しても目標とする性能を発揮することはできません。

本節では、自動化することで得られるQCDの効用を効率的に実現するため、生産設備を自動化する前の準備段階として製品設計にフォーカスします。生産工程の自動化の能力を十分に発揮するためには、製品の設計段階で自動化を想定した形状・材質にしておくことが良い結果に結びつきます。

4-2-2 自動化のメリット、デメリット

近年、大量消費時代は変換点を迎え、マスカスタマイゼーションの時代に突入したといわれます。いいかえれば、顧客の要望に合わせて仕様・機能を変化させて、モノ・サービスを供給する多品種少量生産が主流になる時代がきたということです。しかし、個別の仕様・機能に対してQCDを満足しつつ生産・提供するためには、それを支える労働者の負担は増大します。労働者はすぐには集まりませんし、急に減らすこともできません。集まったとしても、スキルアップには時間を要し、さらにモチベーションによってアウトプットが変動します。これらを考慮すると、自動化やロボットの導入は労働力不足という問題を解消できる一手であるといえます。

自動化やロボットの導入に関して、さまざまなメリット・デメリットが考えられますが、代表的なものを**表4-2-1**に記載します。

表4-2-1　自動化のメリット・デメリット

①自動化のメリット

- Productivity : 動作に無駄がなくなり疲れ知らず、生産性が向上
- Quality : ヒューマンエラーが減少し品質が向上
- Cost : 初期投資はかかるが、生産性が向上した分人件費が減少
- Delivery : 24H休みなく稼働が可能で、リードタイムが短縮
- Environment : 精密作業を特殊環境でも低発塵で作業可能
- Safety : 人が立ち入れない環境でも作業が可能

②自動化のデメリット

- 多くの労力・時間・投資の割にリターンが小さい
- 開発した自動化・ロボットの汎用性が低い(仕様変更、4M変更に対応できない)
- 技術スキルがないため扱えない、メンテナンスできない(トラブル対応、立ち上げスキル、改造スキル)
- 技能、改善力などの現場のモチベーションが阻害される

4-2-3　製造プロセス（設計、工程）の実際

(1) 費用対効果

自動化を進める上で初めに議題になるのは費用対効果です。**表4-2-1**のように自動化のデメリットとして、投資の割にリターンが小さいことが考えられます。ロボットの導入にかかる費用としては、初期の投資コストに加え、ランニングコスト（メンテナンス費用など）がありますが、高額なため多くの企業が自動化に踏み切る際の支障になっています。では、投資を抑え、導入後の効果が大きい自動化を実現するために、設計者として何に気をつけるべきでしょうか？

モノづくりを生まれるところから廃棄するまでのライフサイクル全体で見た場合、大きく4つのフェーズに分割できます。この4つのフェーズごとにライフサイクルコストの確定度合、情報・知識量、設計変更のしやすさのイメージを記載したのが**図4-2-2**です。縦軸は定性的な％表示を意味します。企画・構想・概念設計フェーズでの設計変更のしやすさは100％、設計に必要な情報・知識量はまだ十分ではありませんから、20％程度しかないと読み取ります。一方、ライフサイクルコストは、企画・構想・概念設計段階では約60％、詳細設計が終了した段階で約80％が確定されます。このように、ライフサイクルコストは、企画・構想・概念設計のようなフェーズの早い段階で確定されることが特徴です。

したがって、フェーズの早い段階でいかに設計に必要な情報・知識を集約して、確度の高い製品設計をするかが、コスト削減のポイントです。これがフロントローディングの考え方です。全ての工程ができあがった状態で、ロボットだけを後から工程に付加しても、なかなかコストの低減に寄与できない理由が、この点から理解できると思います。

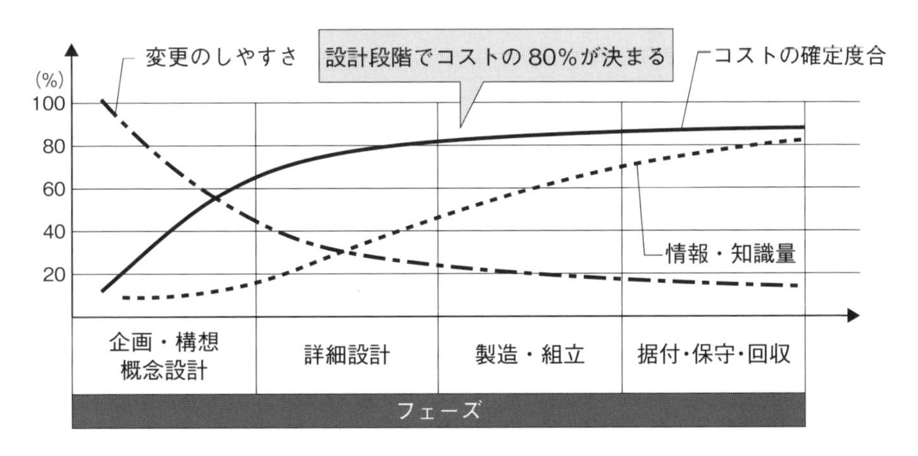

図4-2-2　ライフサイクルコストの概念

(2) 生産工程の自動化判断

生産工程を全て自動化することは有効な手段でしょうか？実際には自動化が適さない工程があります。自動化を考慮する際、**図4-2-3**に示すようなPQ分析（Product Quantity Analysis）が有効です。縦軸に生産量、横軸に生産する部品の品種を左側から生産量が多い順に並べてグラフを作ります。この場合、Aを少種大量生産、Bは中種中量生産、Cは多種少量生産と分類します。これを生産方式に当てはめると、Aはライン生産で自動化・ロボットの導入が有効です。Bはセル生産に適した条件でありロボットの導入も有効です。Cは機能別生産のように、類似した加工装置を集約しながら、人が介在した半自動設備や手動生産が有効です。

PQ分析の結果をもとに、品種を減らし個々の製品の生産数量を増やすことができれば、自動化に適した生産工法に移行させることができます。例えば、品種が多くそれぞれの生産量も少ないCに位置していても、企画・構想・概念設計のようなフェーズの早い段階で、部品の統合・共有化（モジュール設計）を検討することで、品種を減らし個々の製品の生産数量を増やすことができれば、CからAへと自動化に適した生産工程に移行が可能です。

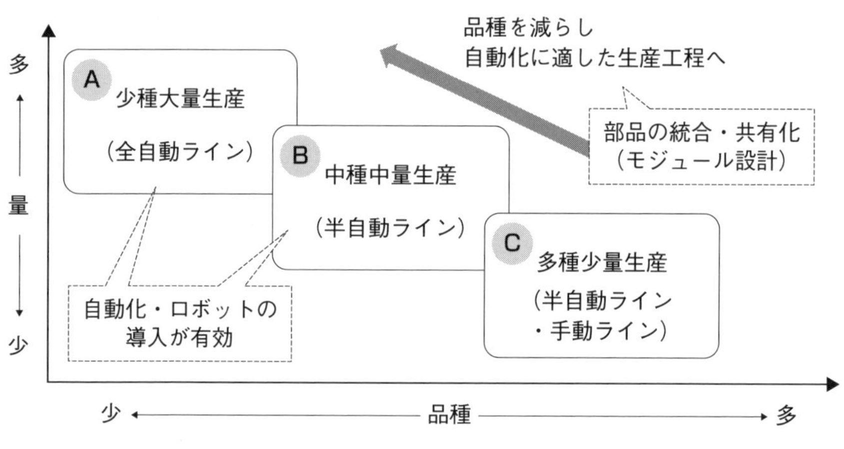

図4-2-3　生産工程の自動化判断 PQ分析

(3) 自動化に必要な製品設計の基本

製品の生産工程のうち組立工程を自動化するとします。その際、大きく2つの設計作業が関わります。1つは組み立てられる製品自体の設計(**製品設計**)、もう1つは、組立のための自動機やロボットを搭載した生産設備の設計（**設備設計**）です。この2つの設計作業は、従来は製品設計が完了した後に、設備設計を開始するという順番でした。しかし、短納期・効率化の市場要求を受け、2つの設計作業は同時並行的に行われるようになりました。これがコンカレントエンジニアリングです。そのため、製品設計と設備設計で設計者が違う場合など、双方の設計者は設計情報をリアルタイムで共有・交換する必要がありますが、3次元CADやICTを有効活用すれば、十分な効果が期待できます。

一般に設計の成果物としての図面ができあがるまでに6つの工程を経ます（**表4-2-2**）。この工程は、製品設計でも設備設計でも同様に存在します。生産設備のインプット情報である製品設計に変更があれば、設備設計も影響を受けるため、双方は依存した状態で進行することになります。逆に考えれば、現代の設計では、生産設備がより設計しやすいように製品設計をリアルタイムに変更する擦り合わせが容易に可能ということです。次項から具体例を交えて考察します。

表4-2-2　設計に関する業務フロー

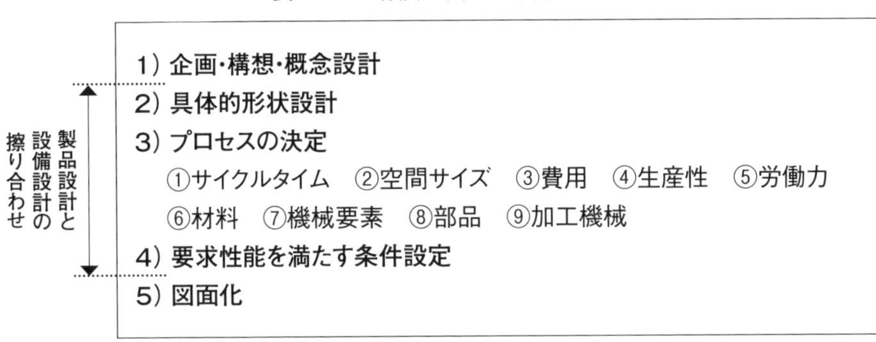

製品設計と設備設計の擦り合わせ（2）〜4））

1）企画・構想・概念設計
2）具体的形状設計
3）プロセスの決定
①サイクルタイム　②空間サイズ　③費用　④生産性　⑤労働力
⑥材料　⑦機械要素　⑧部品　⑨加工機械
4）要求性能を満たす条件設定
5）図面化

(3-1) 設備設計＜箸の自動洗浄装置の開発＞

ここでは、生産設備の自動化に際して最大限のパフォーマンスを発揮するために製品設計でどのような工夫をするかについて概説します。

事例として、箸の自動洗浄装置と一緒に専用の箸を開発することを想定します。

図4-2-4　箸の収納状態

3色の箸が**図4-2-4**のように乱雑に投入された回収ボックスから、箸を洗浄して色別に梱包するまでを最終目標とします。最初に、自動洗浄装置の開発のスタートとして現状の問題点を探ります。次に、自動洗浄装置としてのアウトプット：QCDを整理するために、目標の動作フローを作成します（**図4-2-5**）。

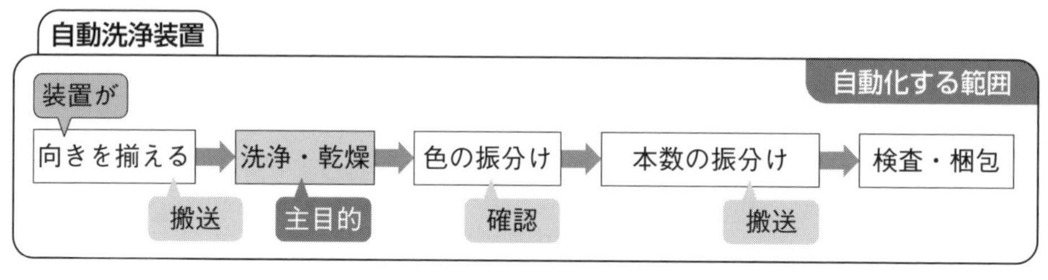

図4-2-5　自動洗浄装置の動作フロー（目標）

この図からわかることは、主目的である洗浄・乾燥に対して付随する工程の方が多いということです。図4-2-4のように乱雑に収納された状態では、3色の箸がバラバラの方向に向いています。箸は先端に向かって細くなるテーパ状をしており、この向きは6自由度存在し、さらに箸は3色あるため、3色×6自由度 ＝ 18通りの識別が必要になります（**図4-2-6**）。

人が箸を洗う場合は、向きを変えたり、色を識別したり、同時進行で作業を進められます。しかし、装置の場合は設計段階で作業の順序を決め、1つの工程が終わってから次の工程に移るなど、あらかじめプログラムしておく必要があります。したがって、18通りの自由度を揃える“搬送”工程は、かなり複雑な構成になると予想できます。工程が増えるということは費用（コスト）の増大、加工時間の増加につながります。上記の工程を自動化した場合の概算費用を見積もると**図4-2-7**のようになります。主目的である洗浄・乾燥工程以上に、向きを揃える工程に費用がかかることがわかります。

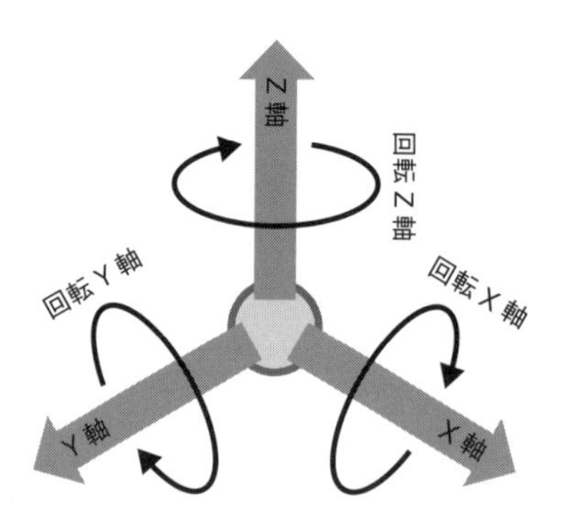

図4-2-6　箸が持つ自由度

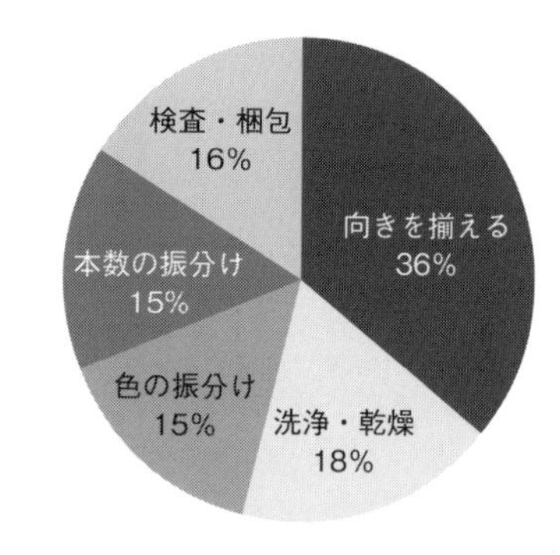

図4-2-7　自動洗浄装置の費用構成

では、装置費用を低減するにはどうしたらよいでしょうか？　向きがバラバラになる（自由度が増える）原因は、図4-2-4のように乱雑にボックスに収納されていることでした。ここを見直し、自動化する範囲を変更します。例えば、運用方法を変更して、3色ごとに色分けした箱に、箸の先端が揃うように使用者に返却してもらう、などが考えられます。こうすれば洗浄装置側ではたまに入っている逆向きの箸や、色違いの箸を選別することくらいですみ、18通りの“搬送”と“確認”に要する装置の機能を削減できます。見直し後の動作フローを**図4-2-8**に示します。自動化する範囲を限定することで、要求されるアウトプット：QCDを満たしつつ、装置費用の低減が可能です。設備の自動化は、搬送や並べ替えなどの工程を、工夫によっていかに減らすかがポイントです。

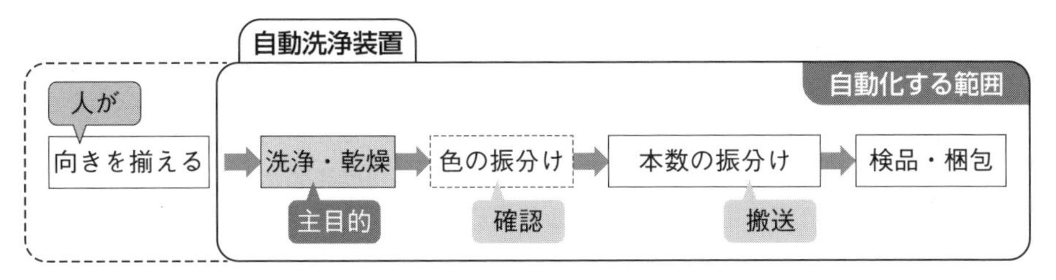

図4-2-8　自動洗浄装置の動作フロー（見直し後）

この考え方はECRSの原則といい、設備の自動化を考える際に非常に大切な手法です（**表4-2-3**）。前述の例では、箸の向きを揃えることをE（排除）したことにより費用を削減でき、自動洗浄装置の実現が見えてきました。今回は搬送（向きを揃える）を使用者に依頼することになるため、運用面の管理が必要にはなりますが、箸の洗浄という最終的なQCDを満足できれば、全体としては目標達成となります。これは全体最適の考え方にも通じるもので、仮に箸の向きを揃える搬送工程を装置に取り込み、複雑な構造と制御を駆使して自動化したとしても、過大な費用が必要になれば、最終的にQCDのCを満足できず、部分最適を図ったことにしかならないのです。

表4-2-3　ECRSの原則

ECRSの原則
Eliminate（排除）：なくせないか
Combine（統合）：一緒にできないか
Rearrange（交換）：順序変更できないか
Simplify（簡素化）：単純化できないか

(3-2) 製品設計

設備の自動化ではいかに搬送を簡単にするかが、その後の設備の費用、リードタイム、稼働率（故障しにくい）に効いてきます。では、搬送を簡単にするためには何に気をつければよいでしょうか？

搬送に関して考えるとき、人の手は非常に参考になります。指と手を動かし、それを経験として蓄積しながら効率よく搬送できます。人は経験を繰り返すことで、対象物の大きさや触感、持つ位置などを経験値と照らし合わせて瞬時に決めることができます。これを設備で実現することは、非常に時間と費用がかかると予想できます。

① 搬送形態を決める

図4-2-9 (a)〜(h) では、前述した箸を例に一般的な搬送方法を示します。箸は手元が太く先端にいくほど細くテーパ状になっています。確実に搬送をするためにはどこを基準にして搬送するかが重要になります。例えば、(a)は箸の太い側の端が基準面になり、(b)であればテーパの側面になります。(c)はテーパの外周面、(d)はテーパの隣り合う2面になります。(e)はテーパの相対する2面、(f)は箸の太い側と細い側の端面、(g)は(b)と同じ、(h)は穴が基準面になります。この基準面がないかあるいは形状が崩れていると、搬送に失敗するため、遡って表4-2-2の業務フローを再検討することになり、時間と工数の大きなロスになります。

このように、搬送に使用する基準面は製品設計の段階で予め想定し、設計仕様に加味しておく必要があります。

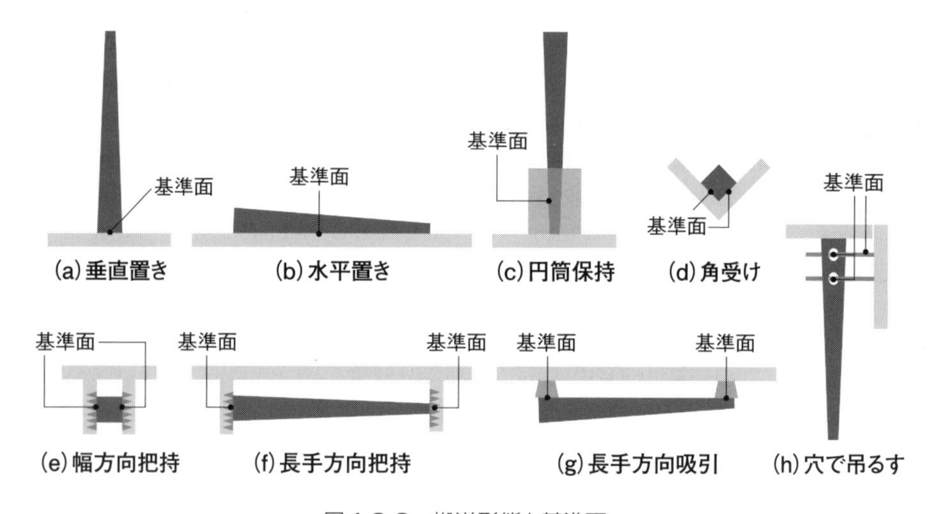

図4-2-9　搬送形態と基準面

② **基準面を決める**

断面が丸い箸もありますが、搬送を考慮すると転がってしまうため不利です。よって、図では四角すいを想定しています。四角すいであれば側壁は全て平面なので、基準面としての定義が容易です。仮に断面が丸い箸であっても一部分に平面を作れば、それも基準面として機能させることが可能です。

③ **製品設計と設備設計の連携**

搬送の形態が決まり、基準面が決まりました。ここからが設備の稼働率向上（チョコ停防止）ポイントになります。つまり搬送が常に安定して動作するように**設備の設計に製品設計の設計情報をフィードバック**するのです。

先ほど決めた基準面が設備の搬送時に常に同じ状態、いいかえると設備として許容できる状態に**形状**と**姿勢**を維持する必要があります。**図4-2-10**は、**(a)形状維持**と**(b)姿勢維持**に影響を及ぼす代表的な因子を示します。

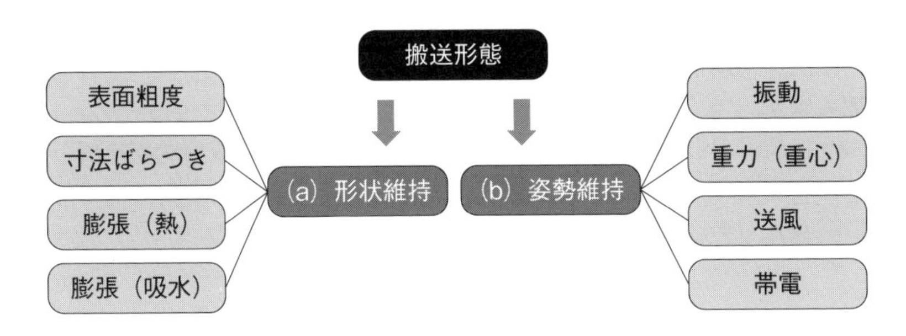

図4-2-10　製品の形状維持と姿勢維持

・形状維持（図4-2-10(a)参照）

製品は搬送時にその形自体を維持していることが重要です。いいかえると、設計時に想定した基準面と、現物の基準面とに相違がないということです。製品の形状には、ばらつきが存在します。そのばらつきを、設計時に加味しておくことが自動化を失敗しないコツです。例えば、事例の箸は熱可塑性樹脂を射出成形して加工します。射出成形は鏡面状に磨かれた金型の中に高温の樹脂を流し込んで、冷やして固めて形作るため、金型表面に凹凸や傷があると製品にも同じ形状が転写されます。金型の表面状態が直に製品の表面状態に影響します。したがって、射出成型の品質確保のためには、金型の状態を管理することが重要な管理ポイントになります。また、材料ロットや環境条件でも形状にばらつきが生じます。樹脂は周囲の温度や湿度によって寸法が変化するため、搬送時には設計段階で決めた温湿度と同じになるように環境管理が必要です。

このように、搬送に用いる基準面は、可能な限り形状のばらつきが小さくなるよう一定の制限を設けます。この制限は製品設計の段階で、設計図面に的確に表現することが重要です。

図4-2-9 (h)を例にとります。ピンを穴に通して搬送する場合は、基準面からの穴の位置が重要で、仮に穴位置がずれていると、搬送時にピンが通らないなど搬送ミスにつながります。設計図面で穴位置を指定する場合、旧JIS規格の表記に比べて、改定後の表記では曖昧さを低減することができます。

旧JIS規格では、**図4-2-11**の上段のように寸法公差で形を制限しています。改定前の図面では0.2 mmの正方形の中に円の中心があればよいことになります。
さらに、面Bの表面に凹凸がある場合では、計測する位置によって寸法がばらつく問題がありました。

改定後は、基準面をデータムと定義し、点でなく面から寸法を追うようになりました。改定後の図面では、四角で囲われた基準寸法によって穴の中心がϕ 0.2mmの内側に入っていることが表現されています。改定前は0.2mmの正方形でしたから、範囲が制限され、より厳密に指示されています。したがって、製品に関する設計図面では、搬送に使用する基準面をデータムに設定し、必要な穴の位置を幾何公差で制限を加えます。

このように製品の形状を表現する際は、寸法公差ではなく幾何公差を使って図示すると、より限定された形状を表現することが可能です。設計者の意図を加工者・測定者に曖昧さ（＝ばらつき）を排除して伝えられるのです。

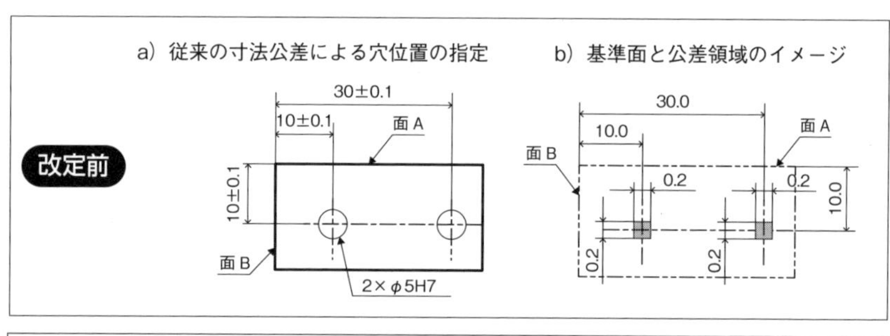

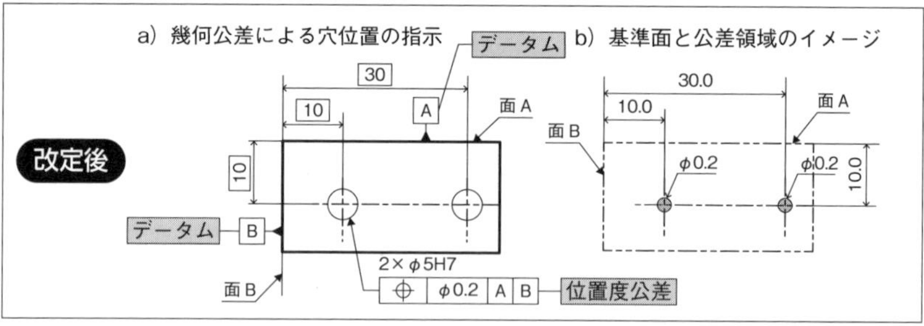

図4-2-11　幾何公差による穴位置の指示（提供：株式会社ラブノーツ）

・**姿勢維持（図4-2-10（b）参照）**

製品の搬送時にその姿勢を維持していることも重要です。たとえ形状が想定通りに加工されていたとしても、周囲からの振動を受けて揺れていたら搬送ミスになります。生産現場では、真空ポンプや電源トランス等の小さな振動が、製品の共振点と一致して思わぬ振動を生むことがあります。また、搬送する製品の重心位置にも配慮が必要です。例えば、図4-2-9(g)のように箸のテーパ部を2つの真空パットで吸着する場合、どの部位を狙えばよいでしょうか。2つの真空パットが同時に吸引すればよいですが、バランスが崩れて片方が先に吸引されると、重心を中心とした回転力が発生するため吸着に失敗するかもしれません。風の影響も無視できません。設備の設置環境は大抵、空調管理されています。エアコンからの風によって装置のカバーが振動するなど、室内の気流による振動も懸念事項です。

また、静電気の問題があります。セルロイド製の下敷きを綿製の洋服で擦って髪の毛が張り付く状態をイメージしてください。今回の箸のように樹脂製の部品は間違いなく帯電しています。帯電量は時には数kVにも達します。帯電していると製品を搬送する際に張り付いてしまい、動かない・離れないなど搬送ミスが起こりやすくなります。接した部品との間の摩擦や剥離によって静電気が発生し、意識的に除電しなければ製品は帯電という形で電気を帯びた状態が持続します。製品と搬送面ではそれぞれ材料に固有の帯電率が存在し、その差が大きい程大きな静電気が発生します。静電気対策は非常に難しく、これがあれば全て解決のようなツールは未だ存在しません。したがって、製品設計の際に材料、形状、補助機材、環境を検討して低減を図るしかないのです。**表4-2-4**に静電気の解決のヒントを記載します。

表4-2-4　静電気対策のヒント

① **材料の見直し（製品、搬送面の材料など）**
② **導通の工夫（導電材料・アースなど）**
③ **環境整備（温湿度管理）**
④ **補助機材の導入（除電ブロアなど）**

(4) これからの自動化

本節では、設備の自動化に際してどの工程（範囲）を自動化するのか、ECRSの原則を用いて整理することを説明しました。また、自動化では搬送工程が特に費用がかかり、かつ設備の生産性に影響するため、設計の初期段階で製品・設備設計の擦り合わせの必要性があることを述べました。また、製品設計において形状・姿勢の維持を想定しておくことは、製品の大小を問わず普遍的に成り立つ基本事項です。

一方で、バリューチェーンがグローバル化するにつれ工程間の分業化が進み、製品設計と設備設計の擦り合わせに時間・工数を十分に取れない側面もあります。

そのような場合には、瞬時に情報交換が可能な、3Dモデルを出発点としたデジタルツールを駆使することが有効です。さらに、製品形状や搬送機構に独自の形、方法を見出すことができれば、差別化の要素として知的財産にもなります。自動化のメリットを最大限引き出すために、日々の設計で得られた知恵を蓄積する仕組みづくりにも取り組んでいきたいものです。

第4章 | 3

HILS(Hardware In the Loop Simulation) などのシミュレーションの活用

3章3節で紹介したV字プロセスを用いたモデルベース開発は、メカ、エレキ、ソフトが複合的に関与する製品の開発において、期間短縮の効率的な手法といえます。モデルベース開発を成功させるためには、製品の中の構成要素となるそれぞれの挙動を正確に示すモデルの作成が大変重要なポイントとなります。さらに、それらのモデルを組み込んだ、統合的なシミュレーション環境を構築することで、ソフトウェア等の制御の妥当性の確認などを含めた製品全体のテストを開発初期から実施することができます。

正確なモデルで早い段階から全体テストを実施するほど、開発の期間は短く、製品の品質は高くなるといえるでしょう。

モデルベース開発は自動車や航空・宇宙産業、医療機器やロボットなど一部の業界で活用されており、幅広い業界での浸透はこれからといえます。しかしながら、ますます多様化する市場の要求に応えながら、より短期間により複雑なシステムの構築が求められる近年の開発現場の実状を考えると、少しでも早くその活用を検討することは、取り組むべき課題であるともいえます。

ここでは、もっともモデルベース開発が活用されていると思われる自動車業界で取り組まれる開発を例に、そこで用いられるモデル間の複合的なシミュレーションの方法について説明します。とくにその中で代表的な手法にHILS（Hardware In the Loop Simulation）があります。また、状況に合わせて使い分ける、そのほかのシミュレーションの活用方法も紹介します。

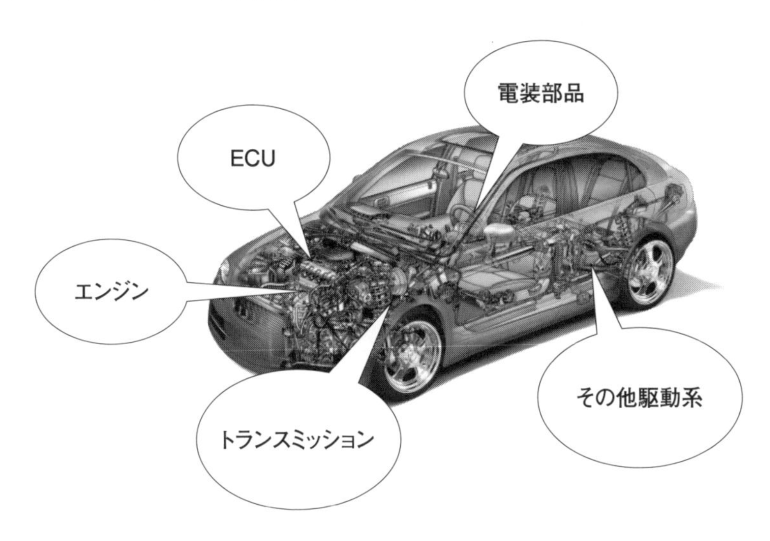

4-3-1 モデルベース開発におけるシミュレーション活用

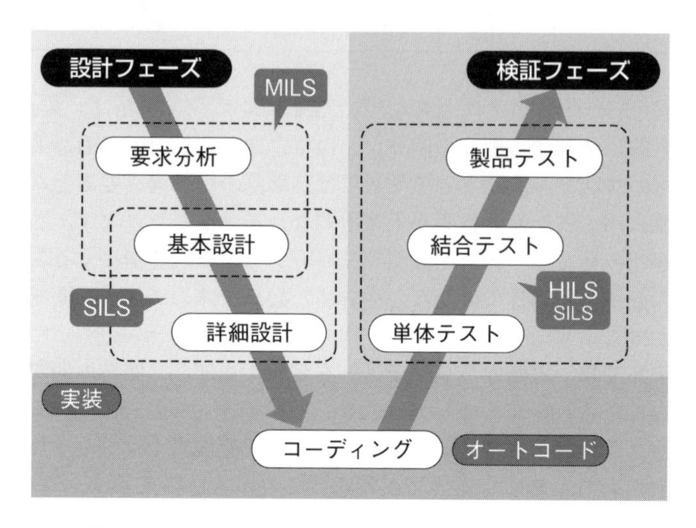

図 4-3-1 モデルベース開発におけるV字プロセス

図4-3-1に示すようにV字プロセスに沿ったモデルベース開発を行う際に、それぞれの段階において、設計の妥当性を確認することが重要なプロセスとなります。

例えば、車載ソフトが組み込まれるECU（電子制御ユニット）の開発においては、燃費向上や乗り心地の制御やハイブリッド自動車や電気自動車に適したモータ制御など、市場からのさまざまな要求を満たす必要があります。これらの性能評価を、実車による試乗テストで行っていたのでは、開発期間が膨大に必要となり、ますます熾烈になるグローバル競争に勝つことができません。また、設計や仕様の反映の不備などは後工程で発見されるほど、後戻り工程も大きくなってしまいます。

そこでモデルベース開発では、各設計段階での成果物について、モデルを用いたシミュレーションテストを実施して、妥当性を確認しながら次の設計工程や複合テストへ移行することで、性能の確実な実現と開発期間の短縮を実現することを狙いとしています。

(1) HILS (Hardware In the Loop Simulation)

HILSは制御ソフトが搭載されたECUの電気信号レベルの検証を可能とするシステムです。専用のハードウェア装置を用いることで、エンジンやトランスミッションなどの挙動を考慮しながら、ECU内で動作する制御ソフトウェアの動作を検証することができます。構成例を**図4-3-2**に示します。

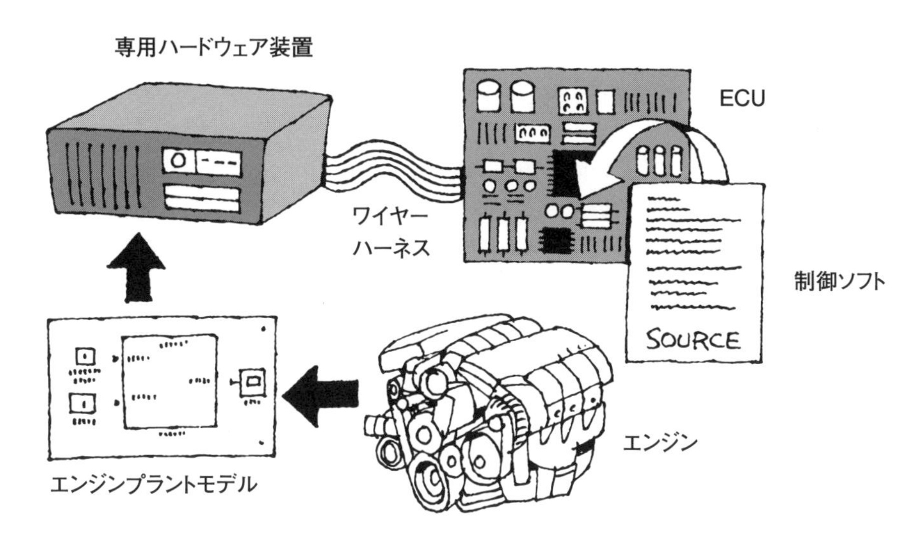

図4-3-2　HILSのECU開発における構成例

(1-1) プラントモデル

エンジンやモータなどの制御対象をプラントといい、これらを仮想化したものをプラントモデルといいます。プラントモデルの精度はシミュレーション評価の精度と大きく関係します。したがって、評価の対象とする挙動や特性はプラントモデルで表現できていることが重要です。過去の評価データや経験値などから、自社製品の特性を適切に表現できるプラントモデルを作成しましょう。プラントモデルは主に次の2つに分けられます。

・物理モデル

対象の挙動を運動方程式などの物理式に置き換えたものであり、物理特性の表現をリアルにするほど、より実際に近い動作を再現可能です。

・統計モデル

経験やノウハウなどから導出した、ある入力に対して対応した出力値を持つブラックボックスのモデルであり、関係式やパラメータテーブルなどで表現されます。物理モデルと比較して処理負荷を抑えることができるのが特長です。

これらのプラントモデルは、近年に活用が広まっている1D-CAEという考えの評価環境の中でも重要要素として構築されます。自社の製品の特性を仮想空間で簡易に表現することは、さまざまな事前評価技術を運用する上で重要な取り組みといえるでしょう。

(1-2) HILS活用のメリット

HILS活用では開発工数の短期化や事前のソフト設計の妥当性が確認できることだけでなく、実車では確認が難しい以下のような条件の評価もできるメリットがあります

- 実車では確認が難しい限界領域（高速域、高温域）での評価が可能
- 想定される不具合波形を入力することによる不具合の再現が可能
- 実際には発生させることが難しいハードウェア（ECUなど）の電気故障の検証が可能

(1-3) HILS活用の際の注意点

モデルの正確性が重要ですが、あまり詳細なモデルにこだわると演算リソースの確保やモデル作成に時間がかかり、膨大な構築コストが必要となる場合があります。HILS構築にはこれらのモデル作成のノウハウだけでなく、専用ツールを使いこなすスキルも必要となります。これらは従来の設計スキルとは異なる能力となることも多いため、技術の伝承を含めた人材育成なども取り組むべき課題となります。

モデルベース開発において、設計プロセスごとにその他のシミュレーションの活用が有効な場合があります（図4-3-1を参照)。次に各設計プロセスで用いられる、その他のシミュレーション技術（**図4-3-3**）について説明します。

(2) MILS (Model In the Loop Simulation)

MILSはモデルで記述した仕様書を、プラントモデルと結合して動作させるシミュレーションになります。図4-3-1で示した「設計フェーズ」のプロセスでの活用が有効で、要求分析から基本設計への工程において、すぐにその妥当性が確認できることにメリットがあります。当然ながらプラントモデルの正確性によって、その妥当性は影響を受けますが、要求の捉え方や後工程の設計者とともに、仕様の動作を確認しながら設計を進めることができることも大きなメリットといえるでしょう。これらのシミュレーションを実現するツールとして、専用のツールが使われることが多くなっています。

(3) SILS (Software In the Loop Simulation)

SILSとは、C言語等のソースコードからPCで実行可能な実装コードを作成し、プラントモデルと結合して動作させるシミュレーションになります。MILSに対して実際のソフトウェアをシミュレーションループに取り込んだものであり、図4-3-1で示したV字モデルの下流の設計フェーズで有効に活用されます。また、HILSに比べるとハードウェアなどの環境を構築する手間が少なく、システム費用が安価なため利用しやすいなどのメリットもあります。

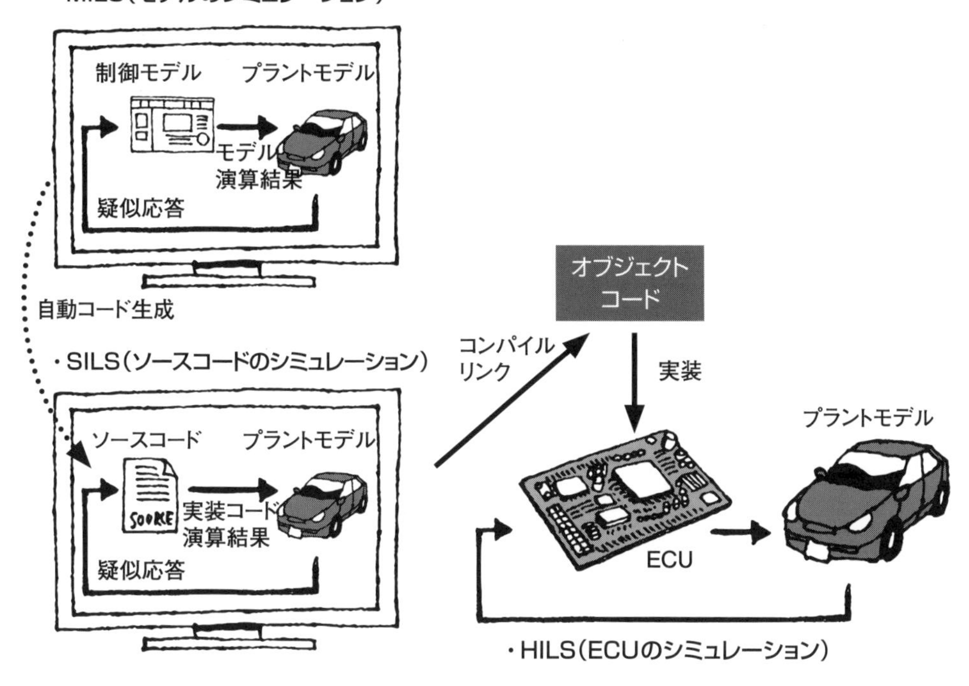

図4-3-3　MILSとSILSの比較

各設計プロセスにおいて、適切なシミュレーションの環境を用いることで、検討した仕様や実装したソフトウェア、ハードウェアの妥当性をすぐに確認することができ、その場で適切な対応を施すことが可能となります。モデルベース開発やHILS等の近年広まりつつある多様なシミュレーションを組み合わせることで、短期間に確実な性能を満たす製品の開発が可能になります。

第4章　4　VR、ARの製品設計、設備工程の最適化への適用

4-4-1　VR、ARとは

最近、VR（Virtual Reality）、AR（Augmented Reality）という言葉をテレビ、新聞等のメディアで目にすることも多いと思います。ゲームを含めたエンターテイメントでの利用が目立つ中、製造業はじめ、さまざまな産業分野での活用も広がりつつあります。たとえば、産業分野でいうと、従来、最終製品のイメージを確認するためにプロトタイプ（試作品）の作製が必要であったのに対し、試作をすることなしに、仮想現実空間でリアルに再現することで、設計上の問題を明確化し、工数、品質、コストの大幅な改善を可能とします。その他、従業員、学生向けの研修、教育や業務効率の向上、コスト削減等に効果を発揮しています。

では、VR、ARとは具体的にどのような技術を指すのでしょうか？

VR（Virtual Reality）とは日本語で“仮想現実”と訳され、言葉のとおり仮想につくられた世界をまるで現実の世界であるかのように体感できる技術のことを言います。その際、視覚、聴覚のみならず、嗅覚、味覚、触覚を刺激しながら仮想世界を体験することができる技術の総称を指します。現状、一般的にVRヘッドマウントディスプレイ、VRゴーグルといったデバイスを使用することで、全周囲の景色、音場、あるいは触感を得て、仮想現実の世界に自身が入り込んでしまったような感覚を体感することができます。

一方、AR（Augmented Reality）とは、日本語で“拡張現実”と訳され、現実の世界に仮想の世界を重ね合わせた世界を体感できる技術のことをいいます。たとえば、現実世界の画像の上に仮想世界を重ね合わせ、現実世界を拡張した世界を体感できます。つまり、VRが現実世界とは隔離された、現実世界とは関わりを持たない仮想世界を再現しているのに対して、ARは、現実世界に仮想世界を重ね合わせた世界を構築しています。つまり、完全な仮想世界の構築がVR、現実世界をベースに仮想世界を追加したものがARという違いがあります（**図4-4-1**）。

以下では、一例として自動車の製品設計、設備工程の最適化、および技能伝承に対してVR、ARを適用した場合に得られる効果について述べたいと思います。

(a) 現実の世界

(b) VR（仮想現実）の世界

(c) AR（拡張現実）の世界

図4-4-1　VR、AR

4-4-2 VR、ARと製品設計

(1) 試作レスでの最終製品の体感・印象評価

VR、ARを用いることで、仮想世界の中で、プロトタイプの作製を行うことなく最終製品を実際に使用、その製品の機能を体感することが可能となります。

例えば、自動車の車内に乗り込む動作を想定した場合、ドアの重さ、車体骨格（センターピラー、フロアの低さ、ルーフの高さなど）のレイアウトに起因する乗り込みのしやすさが体感できます。運転席に座り込んだ場合、運転席の素材の硬さ、形状に起因する座り心地、ダッシュパネルの高さ、フロントピラーによる視界の確保のしやすさ、ハンドル、シフトレバーの形状、素材による触り心地も体感できます。また、アクセルペダル、ブレーキペダルのレイアウト、押し込みやすさなども体感できます。実際の使用環境下における意匠性の印象も確認できます。仮想世界の中で使い勝手を体感することにより、車体の形状、内装の素材選び、車体の色といった仕様を事前に検証して適正な判断ができ、それらを車体の設計に反映することができます（**図4-4-2**）。

さらに、その自動車をさまざまな環境下で走行させた状態も体感できます。例えば、入り組んだ市街地、曲がりくねった山道、渋滞した高速道路での走行により、視界の悪さが、走行にどの程度影響するか、連続したカーブが操縦安定性にどのように影響するか、渋滞時の低速運転時にいかにストレスが生じるか、などを体感できます。風雨、降雪が激しい視界が確保できない状態での走行の場合は、視界の確保が難しく、タイヤがスリップを起こしやすい状態になるため、運転制御が困難となる状況を体感できます。酷暑、酷寒などの温度差が極端に異なる状態では、室内の暑さ、寒さといった温度環境に応じて生じるストレスを体感できます。また、自動車を走行する場合の道路は舗装された状態ばかりではありません。砂利道、泥道といった未舗装の状態の悪路を走行する場合もあります。このような悪路を走行する場合には道路表面の凹凸により振動を受けたり、泥が跳ね上がったりすることで視界の妨げになる場合があります。このような悪条件での運転制御への影響を体感できます。また、風雨、降雪は車体部品への耐食性にも影響します。砂利道での走行による振動は車体へ疲労負荷が入力されることになります。VR、ARを活用することによって、車両全体を俯瞰し、どの部位に影響が出そうか、事前に把握し、対策することができます（**図4-4-3**）。

プロトタイプの試作にはコスト、納期がかかります。実使用環境下での評価も然りです。航空機の分野では操縦訓練の用途でフライトシミュレータが用いられていますが、VR、ARによって、要求する状態を再現するだけのデータを車格別（大型車、中型車、小型車など）、類型別（セダン、ワゴン、SUVなど）に蓄積しておくことで、新たな車種の車体設計を行う際に、さまざまな状態での最終製品の使用環境をあたかもプロトタイプを使用しているかのような製品評価を行うことが可能となると考えられます。その結果に応じて、効率的に設計へフィードバックすることが可能となるでしょう。

図4-4-2　自動車室内のレイアウト

図4-4-3　ドライブシミュレータ

(2) 生産設備のレイアウト最適化

VR、ARを用いることで、仮想世界の中で、生産設備のレイアウト検討を行うこともできます。

自動車の生産を考えてみましょう。自動車は、プレス工程、溶接工程、塗装工程、および組立工程といった生産工程を経て製造されます。車体の生産計画、生産技術の進化、生産設備の老朽化に応じて、新規設備投資、生産設備のレイアウト変更が必要となる場合があります。その際、生産設備のレイアウトは生産効率を優先して考慮されなければなりません（**図4-4-4**）。準備した素材をプレス成形により所望の形状に加工し、それを搬送する際、次工程のことを考慮してプレス成形設備を配置する必要があります。また、プレス成形によって形状された部品を組み立てるために溶接が用いられます。車体部品の形状、位置によって抵抗スポット溶接、アーク溶接（MAG溶接、MIG溶接など）、レーザ溶接といった接合工法が使い分けられており、それらを生産工程に応じて適切に配置する必要があります。

最近では、燃費向上、乗員保護といった規制によって、車体の軽量化が強く要請されているため、高張力鋼（ハイテン）、アルミ合金といった、その適用によって軽量化に寄与する材料が使われる機会が増えています。それに伴い、溶接、接合する接合工法の進化も著しく、新規設備の導入を検討する機会も増えています。それらを導入した場合の装置レイアウト、他装置との干渉も事前に検討することができます。塗装工程は、電着塗装、シーラー塗布、本塗装（中塗り塗装、ベース塗装、クリア塗装）といった工程を踏みます。塗装工程は、工場敷地の面積に占める割合が大きいため、その効率的なレイアウト設計が要求されます。組立工程は人が介在しているので、作業者への肉体的な負荷を考慮しなければなりません。例えば、部品を取り付ける際の立つ、しゃがむという作業時の腰への負荷、車体部品を持ち上げる際の手足、腰への負荷、車体部品形状による作業位置へのアクセス面での作業性などを体感することができ、改善策を作業上レイアウトに反映することが可能となります（図4-4-5）。

このように、生産上のレイアウト設計の際に、VR、ARを用いることによって、生産効率や作業者への負荷の軽減など、さまざまな視点から生産設備のレイアウトの適正化を行うことが可能となります。

図4-4-4　自動車車体の生産現場

図4-4-5　人が介在する組立工程

(3) 技能伝承への適用

団塊の世代のリタイア、少子化による労働人口の減少が問題となっています。労働人口(15歳以上65歳未満)は、1995年を境に増加から減少に転じており、今後、ますます深刻な人手不足の状態になると予測されています。また、総人口についても2105年には約4500万人まで減少すると予測されています。実際の生産現場では、“カン”や“コツ”といった、感覚的なものが重要な場面も多く、団塊の世代が培ってきた、これら財産を次の世代に引き継いでいかなければなりません。いわゆる技能伝承という問題です。今後、AI（Artificial Intelligence)、IoT（Internet of Things）（別章参照）によって、“カン”“、“コツ”が何たるかということが明確になり、デジタルデータ化されていくと考えられますが、この技能伝承の際にもVR、ARの活用が期待されます。例えば、自動車車体に広く使われている抵抗スポット溶接（溶接電極間に複数枚の被接合材を重ね、通電させせることにより生じるジュール熱で接合する方法）を例にとり説明します。抵抗スポット溶接の接合条件を決定する際にも、経験、知見によって培われた“カン”や“コツ”が必要とされます。自動車の車体は部位によっては同じ鋼であっても高張力鋼、軟鋼など鋼種が異なり、同じアルミ合金であっても5000系、6000系と合金種が異なる材料を用います。さらに、部位によっては板厚が異なる場合も多いです。このような様々な組み合わせの継手構造に対して適正なナゲット（溶接部）を形成できるような接合条件の適正化を行わなければなりません。さらに、抵抗スポット溶接は、電極と被接合材との接触状態が通電状態により変化することから、電極の傾き、プレスの部品精度による板間のギャップの管理が必要です。また、接合点距離が近づくと、すでに接合された位置で分流が生じ、同じ接合条件では入熱不足が生じ、接合不良が生じる場合があります。チリ（溶接時の溶融金属の飛散）の出方、電極と被接合材の焼き付きなどが生じたりもします。

多角的な検討方法を習熟できる内容を盛り込んだ、VR、ARによる教育を行うことで、接合条件の適正化のための意思決定プロセスを効率的に伝えることが可能となります。

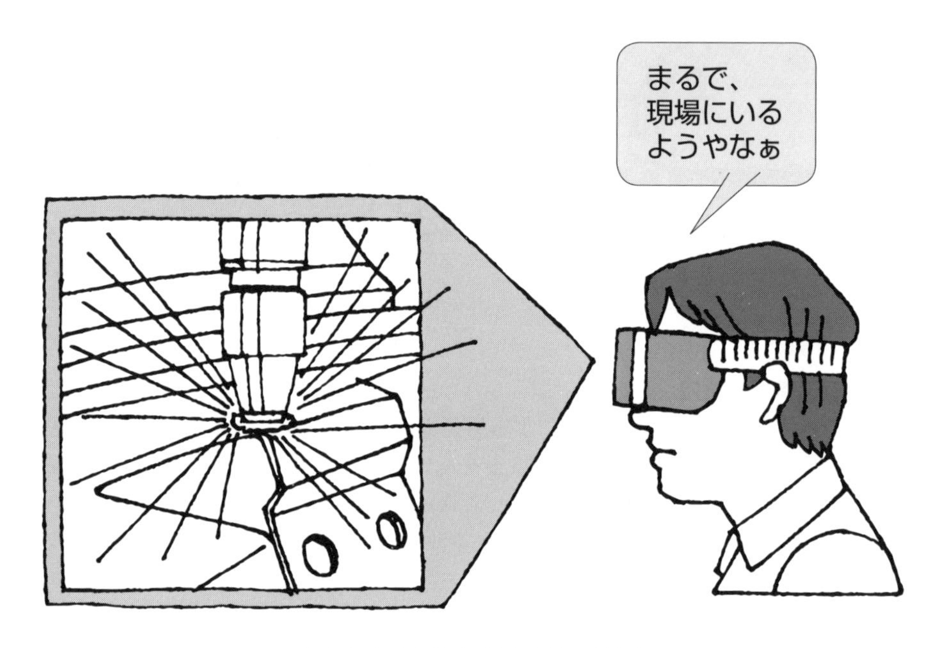

図4-4-6　スポット溶接現象の可視化

第5章

現場・現物を知る。品質の評価方法を知る

いよいよ、製品ができますな～!
(ワクワク、ワクワク)

(ノ≧o≦)ノ ┤゜・∵。

最後まで気ぃゆるめたらあかん。
お客さんが喜ぶ品質の良い製品をつくるんや!

(*￣∀￣)"b" チッチッチッ

5-1	接合工法の選定と製品設計
5-2	ロボットでモノづくりを自動化する
5-3	3Dプリンタなどの造形技術を使用して、設計をすぐに製品化する
5-4	製品のできばえと性能の確認
5-5	AI、IoTの生産効率、品質向上、およびインフラ保全への適用
5-6	市場に品質不具合を出さないQMS (Quality Management System)

第5章	1	接合工法の選定と製品設計

第5章 1 接合工法の選定と製品設計

5-1-1 接合方法の分類

接合は、モノとモノをつなぐ技術であり、構造体の製造にはなくてはならない技術です。電子部品の半導体実装のためのはんだ付け、自動車の車体骨格部位を接合するためのスポット溶接、船舶の船体を接合するためのアーク溶接、航空機の機体を締結するためのリベットなど、精密部品から重厚長大な輸送機器にいたるまで幅広い領域に適用されています。古くは装飾品のロウ付け、鍛接が確認されています。その技術進化とともに、接合に適用可能な熱源も変遷しています。プラズマを利用したアーク溶接、レーザビームを利用したレーザ溶接、電子の運動エネルギーを利用した電子ビーム溶接など、被接合材への接合時の入熱の影響をおさえ、局所的な接合も可能となっています。

熱源のバリエーションのみならず、被接合材の接合時の状態もいくつかのバリエーションが存在します。接合時に被接合材を溶融させて接合する溶融接合（一般的に溶接と呼ばれている接合方法）、被接合材の間に中間材としてはんだ材やロウ材を挟み、中間材を溶融させ、被接合材は溶融させない中間材溶融接合、被接合材を摩擦熱などの熱を利用し軟化（塑性流動）させ、固相の状態で接合する固相接合などです。上記のように被接合材の冶金的な反応を伴うような接合方法のみならず、リベット、ボルト・ナットを利用した機械的締結、接着剤のぬれ性を利用した接着など、多岐にわたっています。

接合工法を選定する際には、接合継手の静的強度、疲労特性といった機械特性はもちろんのこと、生産コスト、品質のばらつきの考慮が重要となります。継手の構造（突き合わせ、重ね、隅肉など）、接合時の雰囲気制御（真空雰囲気、アルゴン、ヘリウムなど）の必要性、接合面の清浄度、部品精度のばらつきに対する尤度など、それぞれの工法には得意、不得意な領域があります。これらを鑑みながら、接合工法を選定していくことになります。機械構造物を設計する際には、適用する接合工法の特質を考慮して設計することが重要となります。

5-1-2 接合と機械設計

(1) 応力、ひずみ分布への影響

接合部は、構造体における連続性が失われ、非連続部となることが多いです。非連続部としては、構造的な非連続部（平板上のリブ、重ね構造など）、材質的な非連続部（同種であるが材質違い：高張力鋼と軟鋼、5000系アルミ合金と6000系

アルミ合金など）があります。その結果、応力分布、ひずみ分布も非連続的な状態となり、応力集中が発生します。連続体として設計した場合、発生する応力、ひずみを過小に評価することになり、想定しない破損が生じることになります。また、応力集中部では、亀裂の発生が生じやすく、長期使用環境下において疲労破壊が発生する場合があることに注意を要します。

(2) 材質への影響

接合時の入熱によって、被接合材の材質は変化します。硬化した場合は接合部近傍で応力が集中し、軟化した場合は強度が低下します。溶融接合の場合、溶融、凝固の状態によっては接合部近傍に割れが生じます（**図5-1-1**）。また、接合部周囲の気体を巻き込むことによるポロシティ（空孔）の形成、被接合材の清浄度の度合いにより油分、水分などのコンタミを巻き込み、接合不良が生じます。さらに、入熱、溶融、凝固の状態が適正でない場合は金属組織が変化し、強度低下、靭性低下といった材質の劣化が生じます。このような材質特性の変化も機械構造物の設計の際には考慮する必要があります。これらの影響は、接合条件の最適化で低減することができます。しかしながら、接合工法の選定はコストに制約を受けることが多いため、注意すべきです。

例えば、熱影響部を小さくしたい場合は、局所的な入熱が可能な電子ビーム溶接があります。この工法は、電子を加速させてその運動エネルギーを利用するというメカニズムのため、接合雰囲気は高真空な状態が要求されます。高真空な状態の空間に部品を配置する必要があるため、部品のサイズに制約を受けます。また、接合にかかるランニングコストや装置を含めたイニシャルコストも高価です。同じ溶融接合であっても、アーク溶接（MAG溶接、MIG溶接など）、レーザ溶接といった接合工法を適切に選定し、部品形状に応じて適正な接合条件を設定することで良好な接合結果を得ることができます。割れ、ポロシティ（空孔）の発生を抑制するためには、入熱を抑えたり、冷却過程における急激な温度低下を防ぐために後熱過程を加えることも効果的です。

コスト面で有効な接合工法の選定、材質影響を抑えた接合条件の適正化を行い、結果として材料が受ける影響を反映した設計を行わなければなりません。

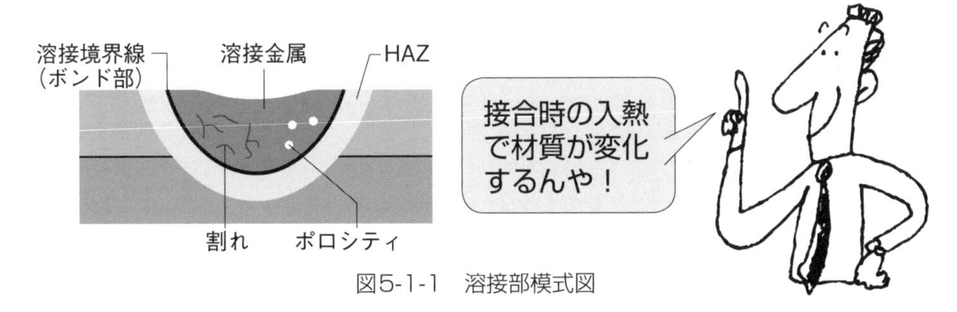

図5-1-1　溶接部模式図

5-1-3 異種材料接合部固有の影響

(1) 接合界面の状態の制御

(1-1) 金属同士の接合

異種金属同士を冶金的に接合する場合、基本的に反応層（金属間化合物層）を介した接合となります。たとえば、鋼とアルミ合金の場合はAl-Fe金属間化合物層を介した接合となりますが、金属間化合物層は低靭性で脆いため、薄く生成する必要があります。また、金属間化合物層は温度の感受性が高いため、接合時の入熱管理が、同種材料の接合と比較して、より重要となります。また、接合面で広く、薄い金属間化合物層を生成するために、接合界面における広い領域で温度分布が均一になるような接合条件を選定する必要があります。強度が必要とされる構造体への冶金的な接合の実用的な適用事例は未だ少なく、品質保証の観点から、適用領域の拡大、データベースの構築が期待されます。

(1-2) 金属と樹脂の接合

金属と樹脂を接合する場合は、金属同士を接合する場合とは異なり、金属側の表面に凹凸形状を付与し、その凹凸の中に樹脂が侵入することで生じるアンカー効果を利用します。凹凸形状を設けるための加工は化成処理（エッチング）、レーザクラッディング、レーザアブレーションなど、いくつかの方法があります。化成処理は大面積への形状付与には向きますが、環境への影響が懸念され、廃液処理含めた生産コストを考えなければなりません。レーザクラッディング、レーザアブレーションはドライプロセスであり、環境への負荷は小さいものの、逐次加工のため、大面積の部品への適用には向きません。このような特質を考慮した上で、加工方法を選定します。最近では、金属側に表面処理を施すことで極性を持たせ、アンカー効果と化学的効果を利用した接合も試みられています。

(1-3) 線膨張差によって生じる熱応力の影響

異種材料の接合継手は、互いの線膨張係数が異なるため、室温と実使用環境で温度変化があると熱応力が発生します。例えば、極寒地、酷暑地など環境的な気温変化が著しい地域でその構造体を使用する場合は注意を要します。そのほか、インバータ実装の半導体チップ（Si、SiCなど）直下の接合部近傍はチップの発熱により高温が生じます。半導体チップは、はんだ材のぬれ性を向上させるために表層をコーティングし、金属であるはんだ材と接合しています。はんだ材の線膨張係数、硬さなどが接合部を構成している材料間でバランスしないと熱応力が発生し、剥離や割れの要因となるため、注意を要します。

(1-4) 電食（電気的腐食）

異種材料の接合部近傍に水分が侵入すると、イオン化傾向の差により電食（電気的腐食）が生じます。そのため、水分の侵入を防止するようなシール機能を持たせなければなりません。たとえば、自動車の車体部品の接合を想定した場合、風雨にさらされるような車体外装部への適用には特に注意を要します。もし、車体外装部の接合に使用する場合は、被接合材の間にシール材をはさんだ状態で接合し、シール機能を持たせるといった工夫が必要となります。

5-1-4 接合工法選定の際の留意点

(1) 接合の領域〔点、線、面〕

点での接合、線、面での接合では部材の変形抵抗が異なり、部品剛性が異なります。線、面での接合部を有した部材の方が、点での接合部を有した部材に比べて剛性が高いです。部品剛性が要求されるような部品には、線、面での接合が望まれます。

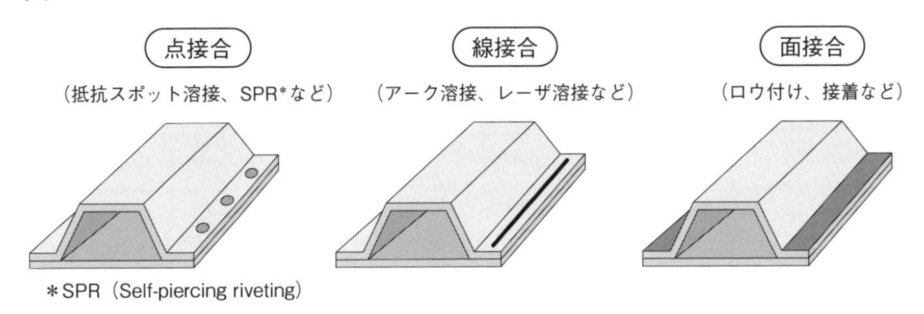

図5-1-2　接合の領域(点、線、面)

(2) アクセス自由度（片側アクセス、両側アクセス）

抵抗スポット溶接を用いる場合、電極で被接合材を挟み、通電して接合するため、片側の電極が部品の反対側にまわり込む必要があります。つまり、両側からのアクセスを必要とします。その一方、アーク溶接（MAG溶接、MIG溶接など）、レーザ溶接は片側からのアクセスで接合が可能です。このような接合工法の特徴により、部品設計の自由度が変わるため、注意が必要です。

(3) 雰囲気制御の必要性

接合時に接合部近傍の雰囲気制御が必要か否かで、接合装置の取り回しのしやすさが変わり、装置購入の初期投資のみならず、ランニングコストにも影響してきます。真空、置換雰囲気（ヘリウム、アルゴンなど）が必要か否かは、接合工法と目標品質を考慮して選定を行う必要があります。もちろん、大気雰囲気で接合が可能であれば、生産性を向上することができます。

(4) 副資材の有無

リベット、ボルト・ナットといった副資材を用いた接合を行う場合、総じてコストアップにつながります。また、軽量化効果を期待して、異種材料接合に機械的な締結を用いた場合はリベット、ボルト・ナットによる重量増加に加え、ボルト・ナットの場合は取り付け座面を設ける必要があり、その重量増加分も考慮しなければなりません。

(5) 接合の幅、溶け込み深さ

接合によって得られる溶接部の幅、溶け込み深さは適用する接合工法によって異なります。例えば、MAG溶接、MIG溶接といったアーク溶接は、レーザ溶接よりも溶接部の幅は大きく、溶け込み深さは浅くなります。その程度は接合に用いる熱源のエネルギー密度の集中状態に依存します。接合する対象部品の板厚、形状に応じてこの溶接部の目標品質を考慮して、接合工法を選定していくことになります。

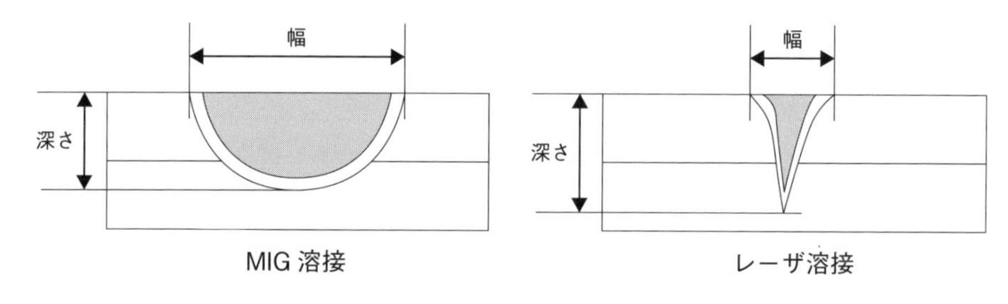

図5-1-3　溶接の幅、溶け込み深さ

第5章	2	ロボットでモノづくりを自動化する

モノづくりの現場では技能人材をはじめ人手不足は顕在化しており、今後の労働人口の減少を見据えれば、人材活用の制度的な工夫に加えて、ロボットやIoT、AIなどの先進ツールの利活用や労働生産性の向上に向けた人材育成の取り組みは待ったなしの状況といえるでしょう。

ここでは、工場の生産現場の担当者が製品の製造工程を自動化するための手段として、主にロボットを用いた自動化に取り組む場合に必要な知識や技術について述べ、効率的に自動化を実現する方法について説明します。

ロボットによる自動化の主な目的は、生産効率の向上、品質の安定、人件費削減、あるいは人手不足対策などがあります。しかしながら、実際に生産現場で活用される産業用ロボットは、映画やアニメの世界のロボットほど万能ではありません。産業用ロボットの特徴を理解し、実現可能なことを事前把握してから自動化に取り組まなければ、過度な期待から思い違いをし、期待にそぐわない自動化システムになってしまうことがあります。

また、とくに多関節型の産業用ロボットアームは、それ自体がシステム化された機械部品として提供されており、可搬質量、最大速度、位置繰り返し精度、動作範囲などの基本的な仕様が明確になっています。しかし、「生産機械」として考えた場合、ロボットアームだけでは用をなすことはできず、ワークを扱うハンドを取り付け、動作のプログラムをつくり、センサやさまざまな周辺機器が取り付けられて、ロボットシステムとしての価値が確定する「半完結製品」といえます。

したがって、価値の高いロボットの自動化システムを実現するためには、ロボットの機能や性能もさることながら、システムインテグレーションの優劣が重要な要因となります。これらのロボットシステムの構築を担うのが、工場内の生産技術担当者や、社外のロボットシステムインテグレータ（以下、ロボットSIer）と呼ばれる方々です。

新たにロボットの自動化を検討する場合や、画像認識などの付随機能を用いて価値の高い自動化をしたい場合には、社外のロボットSIerと協力して進めるのがよいでしょう。ロボットSIerは日本国内では主に中小企業に多く、今までの日本のロボット産業を支えてきたという実績があります。

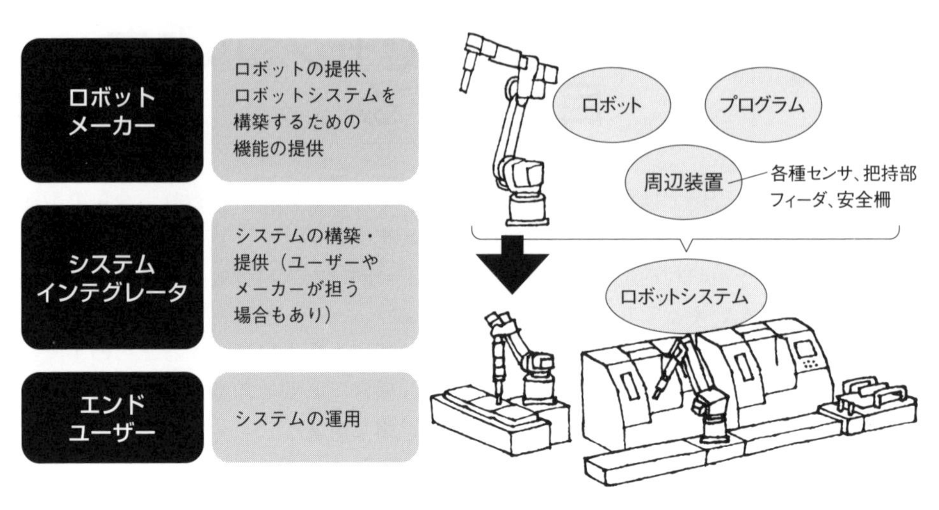

図5-2-1　ロボットシステム構築の役割

出典：経済産業省「平成22年度中小企業支援調査（ロボット導入事例調査）」

5-2-1　ロボットによる自動化の検討

自動化を検討する作業に産業用ロボットの適用が向いているのか（費用対効果が適切であるか）を、事前によく考える必要があります。従来の人手による作業や専用機との比較を、作業量や複雑さの観点から整理します。

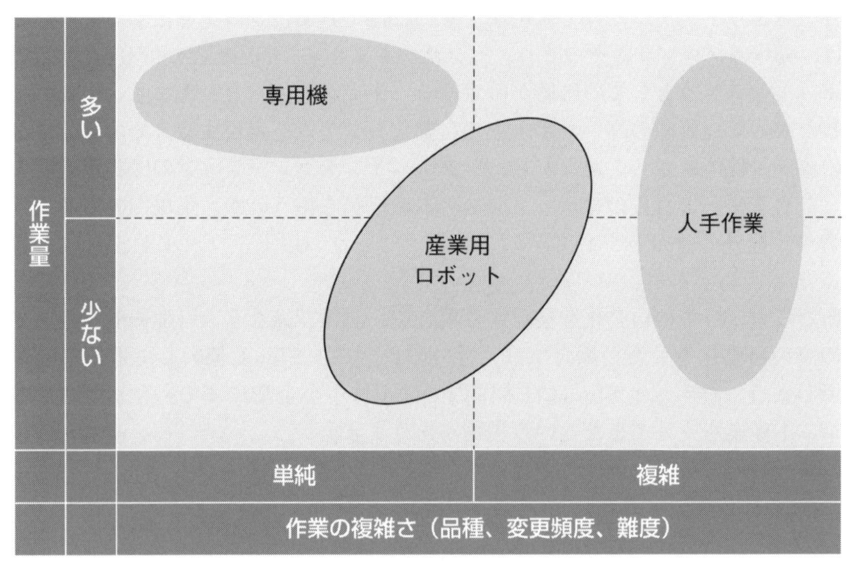

図5-2-2　産業用ロボットによる自動化の検討

(1) ロボットによる自動化検討の手順（何から手をつけるべきか？）

ロボットによる自動化の経験が少ない場合は、ロボットに何ができるか、どのように進めたらよいのか迷う場面も多いと思います。自社の製造工程にマッチした自動化は、製造工程ごとに異なります。したがって、それぞれの製造工程にあった自動化構築の経験を積みながら、ノウハウを蓄積していくという考え方が大変重要になります。

【ロボットによる自動化の取り組みフロー】

(Ⅰ)自動化したい工程を決定する。

・既存の生産工程がある場合は、ラインの変更が最小限ですむ、もっとも簡単で費用効果の高い工程から始めるのがよいでしょう。
・その場の判断や、人間の高い技術を必要としない工程が、初期の取り組みには向いています。

(Ⅱ)工程内の既存設備の構成部分に変更の必要性があるか検討する。

・ロボットに製品を供給して断続的に作業させるために、ロボット周辺の構成部分を変更する必要が出てくる場合があります。
・ロボットの自動化に関わる費用と工数を見積もるためにも、その程度を検討することは大切です。

(Ⅲ)工場のフロアにスペースがあるかを判断する。

・ロボットの自動化に必要な周辺設備などを含めて、製造現場にロボットを配置するスペースがあるかを判断します。安全に関わる柵やエリアの確保も忘れてはいけません。
・現在だけでなく将来のニーズも考慮に入れて、できるだけ小規模になるように検討します。

(Ⅳ)柔軟性のあるソリューションを選択する。

・製品の切替や多品種生産などのニーズの多様化に備えて、柔軟性のある自動化が重要になります。製品やビジネスの変化に合わせて、一緒に成長できるソリューションを検討しましょう。
・動作変更やハンドの切替、供給方法の柔軟性や機械的な位置決めに頼らない画像処理の活用なども併せて検討します。

5-2-2 産業用ロボットの種類

産業用ロボットにはいくつかの種類があります。用途やコスト、タクトなどの要求に応じて、最適なものを選択しましょう。代表的な産業用ロボットの種類を以下に紹介します。

・垂直多関節ロボット

垂直多関節ロボットには、人間でいう肩や肘、手首のような関節があり、人の腕と同様に複雑な動きが可能です。垂直多関節ロボットは６軸可動のものが多いですが、４、５軸や７軸のものもあります。「産業用ロボット」といった場合、多くの人がまずイメージするのはこのタイプです。ロボットの用途として大きな比率を占める溶接や塗装にもこのタイプが使われます。汎用性が高いため、物流拠点や部品加工などのさまざまな現場で活用されています。軸数が多いと動きの幅が広がり、腕を折り曲げれば狭い場所でも効果的に使えますが、複雑になる分、使いこなすのが難しくなります。

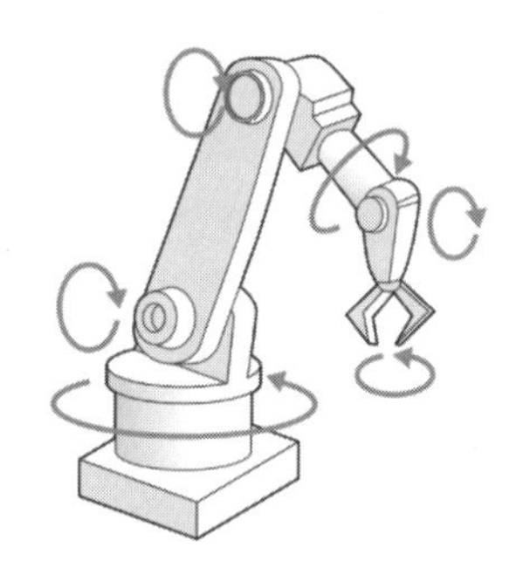

図5-2-3　垂直多関節ロボット

・スカラロボット（水平多関節ロボット）

スカラロボットは、水平方向の２つの回転軸と、垂直方向の１つの直線軸で構成されるロボットです。この３軸に加えて手首にも水平の回転軸を持たせた、４軸の製品がもっとも一般的です。垂直多関節ロボットと違って真上からの作業しかできませんが、水平方向への柔軟性と垂直方向への剛性（変形のしにくさ）を両立できるため、高速な組立作業や工程間の搬送作業などに適しています。

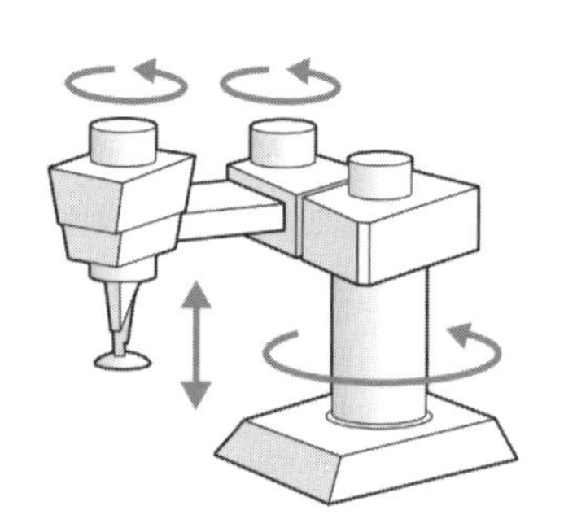

図5-2-4　スカラロボット

・直交ロボット

直交するスライド軸により構成されるシンプルな機構を持ちます。複雑な動作はできませんが、高精度で制御がしやすいのが特徴です。長い搬送距離や重量物にも対応できる設計の自由度もあり、用途に応じて軸数を増やすこともできます。生産ラインの規模に拘らず導入しやすく、搬送や部品組立などさまざまな用途で活躍できます。

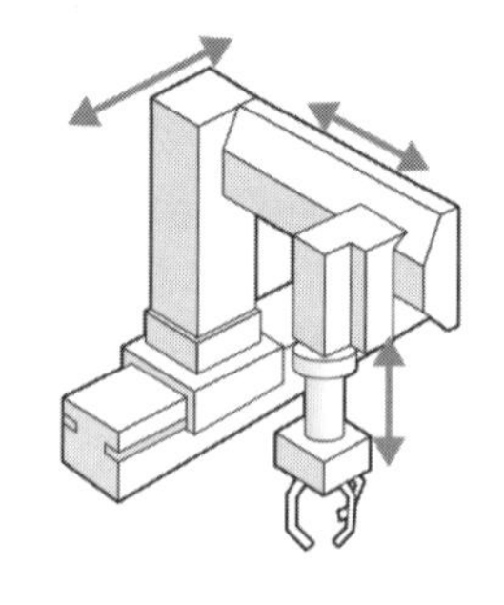

図5-2-5　直交ロボット

・**パラレルリンクロボット**

上部から吊り下げて使用するロボットで、アームが直列ではなく並列（パラレル）に付いているのが特徴です。アームの動作領域は狭くなりますが、細く軽量なアームでも十分な剛性を確保できるため、細かな作業をすばやく、器用にこなします。ベルトコンベヤの上などに取り付けられ、流れてくる製品を高速にピックアップして搬送できます。

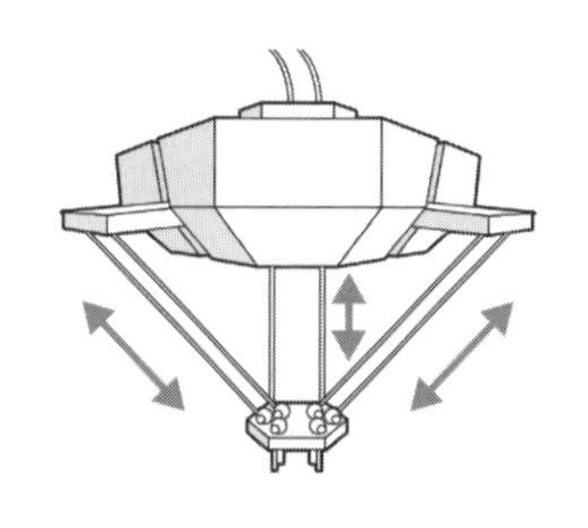

図5-2-6　パラレルリンクロボット

以上が従来の現場で活躍する、一般的な産業用ロボットの種類となります。最近では、使用の目的に応じて新たな種類のロボットが使用されつつあります。

・**協働ロボット**

作業者と共存した空間での作業などを目的としており、アームが周囲の何かに接触すると検知して直ちに停止するなど、安全性が高いのが最大の特徴です。一般的な産業用ロボットは安全柵で囲むなど、人とロボットの作業空間を明確に分けなければいけませんが、協働ロボットは危険がないことが確認（リスクアセスメント）できれば、安全柵なしでの運用が可能になります。

5-2-3　ロボットシステムの構築について

ロボットによる自動化を実現するためには、ロボットを購入し、設置しただけでは目的を達成することができません。目的の作業に合わせたロボットシステムを構築する必要があります。このロボットシステムの構築には、ロボットや周辺機器の選定や設計、プログラミング、調整、テストといったシステムインテグレーションの作業が必要となります。

図5-2-7　ロボットシステム

（1）ロボットシステムに必要な周辺機器

・ロボットハンド（エンドエフェクタ）

ロボットアームの先端に取り付け、作業対象となる部品（ワーク）の把持を行います。チャックやノズルからのバキュームによる方法などがあります。少量多品種生産が要求されるシステムでは、ハンドの柔軟性がロボットシステム構築の重要な要素の1つとなります。

・コンベア（搬送システム）

製品をロボットの作業領域まで搬送したり、部品（ワーク）自体を搬送するために用いられます。ライン化する際には、前後工程との同期を取ることも必要となります。コンベアトラッキングを実現する際には、ロボット制御との同期も必要となり、システムは複雑になります。

・部品供給機

部品（ワーク）をロボットの作業を止めないように供給する装置です。振動式のパーツフィーダを用いることも多いですが、品種変更への対応には課題があります。近年では画像処理システムを用いたバラ積みやバラ置きなどの柔軟性の高い供給方法も見受けられます。

・センサ

製品や部品（ワーク）の搬送位置への到着や、部品の有無の確認、また安全のためのエリアへの侵入監視などに用いられます。また、力の検出によって、部品同士のはめこみなどの高度な作業を行う際にも、用途に応じたセンサが用いられます。

・PLC（コントローラ）

コンベア、部品供給、センサなどの動作や各信号の入出力を監視し、システム全体が適切な動作を行う制御を行います。ラダー言語やC言語などでプログラミングを行い、ロボットを中心とした制御機器全体の制御や非常停止、システムの起動などの制御をします。また近年ではIoTの進展により、システムの中で必要なデータの収集、上位システムへのデータ伝送などの役割も担います。

・画像認識システム（カメラ、照明、画像処理システム）

部品（ワーク）や作業対象の位置や姿勢のずれをカメラ撮像したデータから画像処理し、機械的な位置決めに頼らず高い精度の作業を実現できます。また、検査用の画像認識を行うことで、ロボットによる搬送と検査、結果毎の仕分けなどの検査工程の自動化を実現します。対象とする視野や必要な精度、画像認識の目的によってカメラの選定や処理用のプログラムなどを構築します。また、認識対象部品や周辺の環境によって照明の選定をする必要があり、より専門的な知識が求められます。

・架台（置台）

ロボットやコンベア、部品供給機などを設置するための土台となります。ロボットの種類によっては、動作による振動などの対策を必要とします。特に天吊り型のロボット配置を行う場合は、設計計算が不十分なまま構築すると、大きな振動により設計のやり直しなどのリスクが大きくなります。要求される自動化システムごとの設計となることが多いですが、最近では汎用的なカタログ製品も提供されつつあります。

・ストッカー（前後ストックシステム）

ロボットを人手をかけずに連続稼働するためには、作業前後の製品や部品（ワーク）をストックする機器を必要とします。ストックする製品や部品（ワーク）のサイズや形状、作業タクトなどにより仕様が異なるため、設計検討が難しい機器の1つとなります。自動化効率を上げるためには重要な機器となりますので、全体のサイクルタイムを計算しながら、検討を行いましょう。

（2）ロボットシステム構築のための作業

・事前検証

ロボットシステムは自動化したい工程によって千差万別ですが、経験を積むことで多くの構成部品が流用可能です。自動化したい工程独自の技術的課題を抽出し、事前検証を行うことで自動化構築のリスクを軽減し、効率的なシステム構築ができます。

主な検討項目としては、部品（ワーク）の把持の可否、画像認識の可否などがあります。ロボットメーカやロボットSIerなどの協力を得ながら、テストピースによる事前検証を実施しましょう。

・機械設計

事前検証の結果を参考に本格的な設計を実施します。既存設備が工程の一部となる場合は、その設備の正確な寸法を把握し、3次元CADによる配置検討や工程の確認をするのがよいでしょう。部品（ワーク）にあったエンドエフェクタやコンベアなどの詳細な設計を、品種切替の段取り性やコスト、安全性を考慮しながら実施します。

・電気設計

コントローラ、PLC、リレー回路、電源などの電気機器を配置する制御盤の設計を行ったり、センサとコントローラ間の動力や信号のためのケーブルの設計を行います。システム全体の配線図は、組立や保守作業の際にも重要な設計資料となります。また、ロボットを安全に運用するための安全回路設計は大変重要な設計項目です。各社で運用される安全管理規定がある場合も多いですが、まずはISO13849-1に準拠した設計を行いましょう。

・ロボットティーチング

ロボットに対し、作業に伴う動作を教示する作業となります。ティーチングペンダントを用いて直接ロボットを操作しながら教示する「ティーチング方式」と、プログラムやCADデータから座標点と姿勢を指示しながら行う「数値入力方式」とに大きく分類されます。ティーチング方式では、ロボットの稼働範囲に入っての作業となるため、定められた労働安全衛生規則に則って作業を実施することが必要です。近年ではロボットシミュレータの活用により、より安全で確実な教示方法も活用されつつあります。

・システム制御設計

主にPLCを用いて、ロボットと周辺機器との制御を行います。またオペレータが操作するパネルの制御も行います。さらにロボットシステム全体の起動や非常停止処理など、役割は多岐にわたります。システム制御の設計仕様が不明確だと、実システムができあがったあとでのデバック作業に多くの時間を要します。できる限り初期の段階で役割を明確にしておきましょう。また近年では、IoT実現のためのデータ収集と上位システムへのネットワーク構築の要求も多くなってきています。

・調整、テスト

設計図面通りに組立を行い、稼働テストを実施します。この際、ロボットアーム部にケーブルが配線される場合は、稼働による突っ張りや引っ掛かりに十分注意する必要があります。要求されたタクトタイムが実現されない場合はティーチングの見直しや無駄時間の分析を行い、システム全体でのタクトタイムの最適化を実施します。

・ロボットシステムのシミュレーション

特に垂直多関節ロボットでは、ロボットの動きが複雑となり、やってみないとわからない部分が多く存在します。ロボットシステムは都度の設計確認項目が多く、こうした部分をすべて事前に把握することも困難でしょう。近年ではロボットシミ

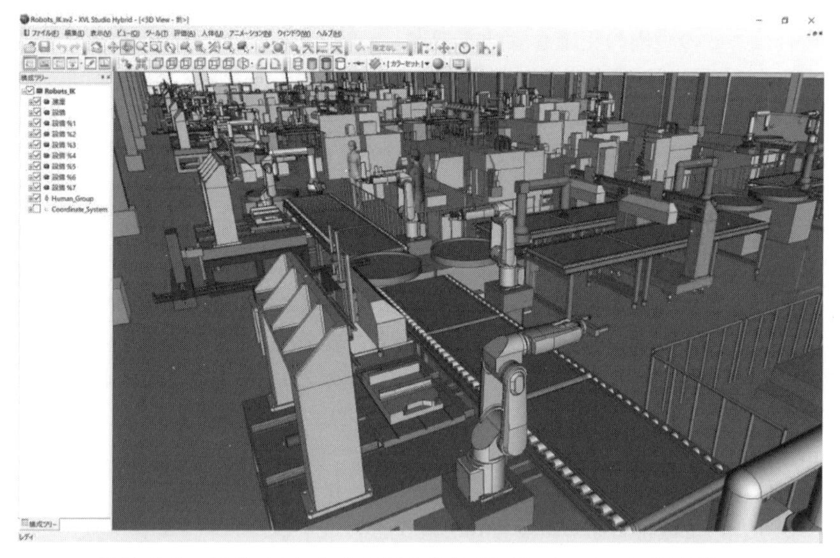

図5-2-8　ロボットラインシステム全体のシミュレーションの事例

（提供:ラティス・テクノロジー株式会社）

ュレーションの性能が良くなり、ロボットだけでなく、周辺機器の動作連携も考慮したラインシステム全体のシミュレーションが可能となっています。また、構想設計段階で、配置やタクトタイムの実現性を3次元CADデータを用いたシミュレータで確認することで、ロボットシステム構築の大幅な工数短縮が可能となります。

(3) ロボットシステム構築の依頼

ロボットシステムの構築はメカ・エレキ・ハードと多岐にわたる総合的なエンジニアリング作業となります。自動化の経験が少ないうちは専門のロボットSIerに依頼することが賢明な場合も多いでしょう。

ロボットSIerは、ロボットシステム構築のプロ集団ですが、要求する自動化の内容を伝え、合意のもとでシステム構築を進めないと、完成後に「こんなはずではなかった」と後悔することになりかねません。自動化前の手作業の現場を見せ、上限のコストだけを伝えて、あとはお任せというのは良い進め方とはいえません。要求したい事項を提案依頼書（RFP=Request For Proposal）として提出し、自動化の内容を吟味した上で進めることで、効果的なロボットシステムの構築が可能となります。

提案依頼書（RFP）は自動化の目的や期待する効果、予算、スケジュールのほか、検討したい項目などを記載し、ロボットSIerから具体的な提案を提示してもらうためのたたき台となるものです。内容の詳細については、例えば、経済産業省中部経済産業局が発行する「産業用ロボット導入ガイドライン」などを参考にすることができます。

第5章	3	3次元造形技術を使用して、設計をすぐに製品化する

5-3-1	3Dプリンタを取り巻く環境

(1) 市場と応用分野

欲しいものを欲しいときに欲しいだけ。これは、量産品でありながら、ユーザーや用途に合わせて最適な製造方法を選択するマスカスタマイゼーションの考え方です。その根幹は、デジタルマニュファクチャリング（3-4-1（3）参照）が支えています。中でも3Dプリンタは、3Dモデルを即、形にできる特徴から、さまざまな分野で設計即製品化が期待されています。従来3Dプリンタは、少量生産かつ小型の用途に限られていましたが、近年は、大量生産や大型化の要求に対しても、材料面、工法面で開発が進んでいます。**図5-3-1**に主な応用分野を示します。

3Dプリンタの世界的な市場は、2020年に21.8兆円に成長すると推計されています。内訳は、3Dプリンタ装置としての直接市場が1兆円、関連するサービス市場が10.7兆円、生産プロセスの革新に関する市場が10.1兆円です（経済産業省：ものづくり研究報告書）。このように、3Dプリンタは製造者にとっても、使う側にとってもメリットが大きく、世界的に注目を集めています。

本章では、3Dプリンタの活用事例を開発フェーズごとに例示し、次に、樹脂3Dプリンタおよび金属3Dプリンタについて考察します。

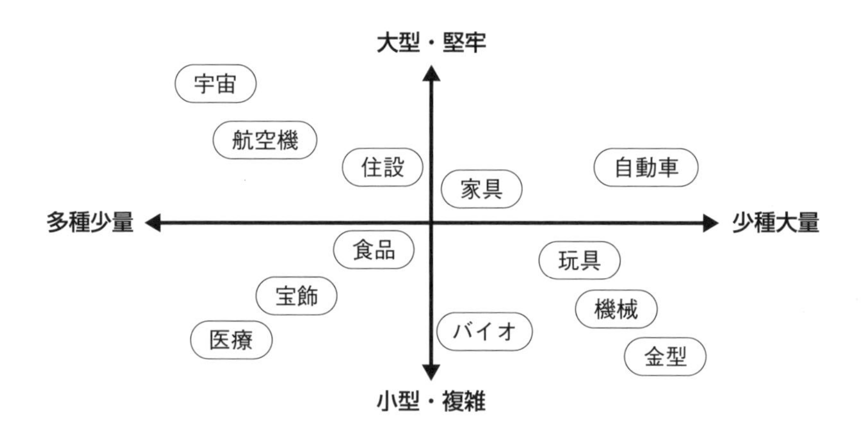

図5-3-1　3Dプリンタの応用分野

(2) 3Dプリンタの活用

3Dプリンタに使用される材料開発の変遷を時系列で列挙すると、樹脂⇒ラバー⇒繊維強化型樹脂⇒金属⇒セラミクスのようになります。さらに近年は、食品やバイオ、異種混合材なども報告されています（**表5-3-1**）。

表5-3-1　3Dプリンタの材料開発の変遷と活用先

材料の変遷	材料	活用先
↓	〈樹脂・ラバー〉	機械パーツ、電子部品、ホビー
	〈繊維強化型樹脂〉	機械バーツ、筐体
	〈金属〉	エンジンマニホールド、金型（3次元水路）
	〈セラミクス〉	人工骨材、歯
	〈食品〉	介護食、微小カプセル、3Dゲル
	〈バイオ〉	生物の細胞、人工臓器
	〈異種混合材〉	機能傾斜材料、金属セラミクス混合材

3Dプリンタの特徴を理解した上で、設計即製品化を目指す際のメリットを把握しておく必要があります。メリットを上手に引き出すことができれば、モノづくりのプロセスおよびプロダクト双方に相乗効果が期待できます（**表5-3-2**）

表5-3-2　設計即製品化のメリット

プロセスに対するメリット

1. 期間短縮：イメージを素早く3次元化
2. コスト削減：必要箇所に適量の材料供給（AM加工）
3. 生産性向上：3次元中空構造による造形の効率化

プロダクトに対するメリット

1. 新たな価値の創造：複雑、複合、局面形状の加工
2. 生物への親和性：固有の形状を再現
3. 生産性向上：多品種少量へのフレキシブルな対応

では、3Dプリンタは、どのような場面で生かせばよいのでしょうか？モノづくりのフェーズごとに、具体例を用いて説明します（**図5-3-2**）。

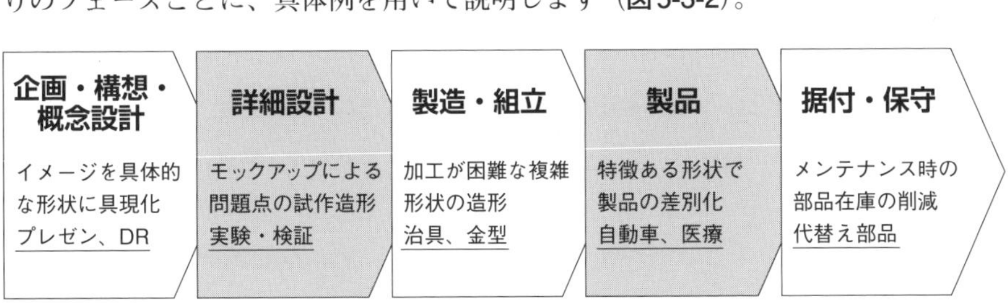

企画・構想・概念設計	詳細設計	製造・組立	製品	据付・保守
イメージを具体的な形状に具現化 プレゼン、DR	モックアップによる問題点の試作造形 実験・検証	加工が困難な複雑形状の造形 治具、金型	特徴ある形状で製品の差別化 自動車、医療	メンテナンス時の部品在庫の削減 代替え部品

図5-3-2　モノづくりのフェーズと用途

(2-1) 企画・構想・概念設計

具体例：イメージを具現化するための3次元造形物（**図5-3-3**）

メリット：アイデアが形になることで、見て触ることが可能となり、プレゼンやDR（Design Review）時の説得力が増します。

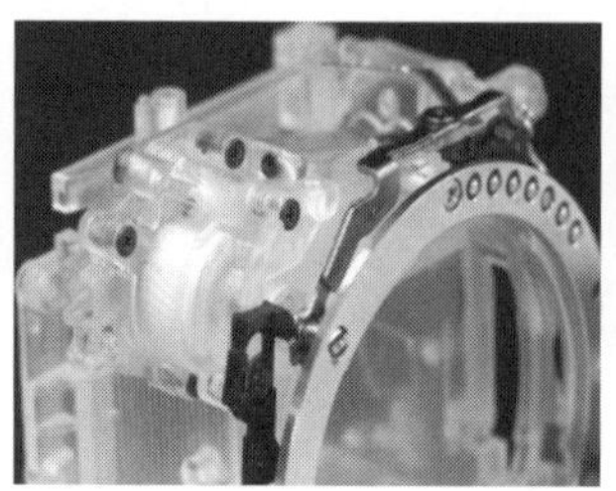

図5-3-3　カメラのモックアップ（提供：株式会社リコー）

(2-2) 詳細設計

具体例：設計検証用のモックアップ（**図5-3-4**）

メリット：はじめて設計する機構や構造、あるいは肉眼では見えない微細部位など、実際に3次元モデルを拡縮して作ることで、技術的な問題点を早い段階で検証できます。

図5-3-4　ピストン構造確認用の造形品/ 石膏（提供：株式会社イグアス）

(2-3) 製造・組立

具体例：工作機では加工が困難な中空構造を持った部品（**図5-3-5**）

メリット：従来は、工作機の加工限界の影響を受け形状に制約がありました。
3Dプリンタは、自由な形状を再現できます。

図5-3-5　エアダクトの造形品 / PEKK（提供：株式会社ファソテック）

(2-4) 製品

具体例：複数の部品を一体化した造形品（**図5-3-6**）

メリット：部品数が減ることで材料費、加工・組立工数の削減、特異機能の付与（異方性、軽量）が可能です。

図5-3-6　のこぎりのグリップ / PC-ABS（提供：株式会社ファソテック）

(2-5) 据付・保守

具体例：固有の形状を再現した代替え可能な造形品（**図5-3-7**）

メリット：固有な形状を細部まで再現することにより親和性が増します。

生体機能の代替えという観点から、医療への活用が多数報告されています。**図5-3-7**は歯科用矯正具の事例です。患者さんごとに固有な形状である歯をCTスキャン等で撮像し、その測定データをもとに3Dモデルを作成します。正確に形状を再現できるため、患者のQOL（Quality Of Life）向上が期待されています。

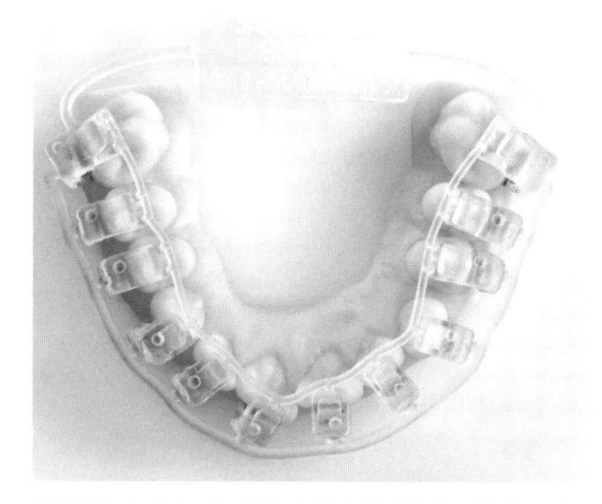

図5-3-7　歯科用矯正具 /生体適合性樹脂（提供：株式会社ファソテック）

医療への活用は一部実用化されている事例もありますが、今後、ますますの進展が予想されます。医療分野で活用が期待される事例を**表5-3-3**に整理しました。

表5-3-3　活躍が期待される医療分野の事例

分野	事例
歯科	義歯、矯正具、マウスピース
外科	人工骨、人工関節、補聴器
内科	人工臓器、臓器模型
皮膚科	人工爪
形成外科	義手、義足、義指
美容整形	鼻、顎、耳
介護用品	什器、スプーン、箸

5-3-2 樹脂3Dプリンタ の事例

(1) 樹脂3Dプリンタの材料

(1-1) 樹脂3Dプリンタの材料と用途

3章4節では樹脂系材料を使用した3Dプリンタを中心に基礎的事項を概説しました。3Dプリンタが世に出始めたころは光造形（ASTMの分類では液槽光重合法）と呼ばれ、受託加工も非常に高価なものでした。今では、3Dプリンタの装置価格が低下したこともあり、一般家庭にまで普及が進んでいます。当時に比べて工法も材料も選択肢は増え、設計即製品化も現実的なものとなりました。

表5-3-4は樹脂3Dプリンタの材料と用途をまとめたものです。ラバー、セラミックス、食品などといった特殊用途の材料は除き、カタログ品として一般に入手できることを基準に記載しました。

表5-3-4　樹脂3Dプリンタの材料と用途

製造方式	概要	分類	材料	用途
結合材噴射 (Binder jetting)	液状の結合材を粉末床に噴射して選択的に固着させ積層する	有機バインダ 熱硬化性樹脂	石膏+水+有機バインダ 砂+有機バインダ	玩具 (ホビー・フィギュア) 砂型
液槽光重合 (Vat Photopolymerzation)	液状の材料の中に紫外光を射出し、層状に固化させながら積層する	光硬化性樹脂	アクリレート系 ウレタンアクリレート系 エポキシ系	玩具 治・工具、筐体部品 宝飾 医療（歯科、美容整形）
材料押出 (Material extrusion)	流動性のある材料を細いノズルの先から押出し、堆積させると同時に固化させる	熱可塑性樹脂	ABS、ASA、PC PC-ABS、PLA PEL、PPSF/PPSU PEI	玩具 治・工具、筐体部品 宝飾
材料噴射 (Material jetting)	光硬化性の樹脂等を噴射し紫外光で硬化させながら積層する	光硬化性樹脂	アクリレート系	玩具 治・工具、筐体部品 宝飾 医療（歯科、美容整形）
粉末床溶融結合 (Powder bed fusion)	粉末を敷いた領域を熱エネルギーを用いて選択的に溶融・結合する	ナイロン ナイロン+ 強化剤	PP PA6、PA11、PA12 PA12+CF、PA12+GF	玩具 治・工具、筐体部品 宝飾

一般的には以下のことがいえます。

・安価な材料は物性のばらつきが大きくなる傾向

・融点の高い樹脂ほど固化時にひずみが残り変形の要因になる

以降に、材料種が多い液槽光重合と材料押出法の材料について概説します。

液槽光重合に用いられるアクリレート系の光硬化性樹脂は、半透明で比較的安価に入手できます。自動車や家電の筐体に用いるABSを目標に開発が進んでいますが、日常の使用環境では強度、靭性においてABSに置き換わるものはまだ存在しません。

アクリレート系材料の欠点は、耐候性が悪いことで、紫外線の暴露や温度の変化で寸法が変化します。ライフの短い用途に適しているといえます。これを補うようにエポキシ系の熱硬化性樹脂も登場していますが、アクリレート系材料と比べて、装置が大型で高価になることが多く、また、造形時の臭いや材料の保管期限（ポットライフ）にも注意を要します。

材料押出法の基本材料はABSです。しかし、ABSは融点が230～260℃と高く、固化時の収縮量が多いため反り、ねじれなどの変形が発生します。そのため、家庭でも簡単に使用できる材料としてポリ乳酸（PLA：Polylactic Acid）が登場しました。融点が180～230℃と低く固化後の変形がABSに比べて少ないことが特徴です。また、一般的な樹脂が石油由来であるのに対し、PLAはトウモロコシの油脂など植物性由来のため、バイオマスプラスチックであり、かつ加水分解と微生物分解によって分解可能な生分解性プラスチックでもあります。PLAはABSに比べて硬く脆いことに加え、温度と水分で加水分解することが欠点です。

(1-2) 材料と物性

材料の選定は必要な機能を考えることから始まります。例えば、衝撃に強く水に浮くものをつくる場合は、材料物性の衝撃強さと比重を重視して選定します。**表5-3-5**は3Dプリンタに使用される樹脂や金属材料の主な物性について、特性ごとに分類しました。一般に、物性値の高い材料ほど高価です。また、造形時の揮発分の臭いや、法規制（毒物・劇物、消防法、労安法）なども考慮が必要です。完全無欠な材料は存在しないため、必要な機能に優先順位をつけ、機能とコスト、操作・メンテナンス性のバランスを考慮して選定しましょう。

表5-3-5　樹脂3Dプリンタの材料と物性

機械特性
- 引張り強さ
- 弾性率
- 破断伸び
- 衝撃強さ
- 曲げ強さ
- 圧縮強さ
- 比重（水に浮くか）
- 吸水率

電気特性
- 抵抗率
- 絶縁破壊強さ
- 帯電率
- 耐アーク性
- 誘電率
- 誘電正接

熱特性
- 融点
- 脆化温度
- 線膨張率
- 熱伝導率
- ガラス転移点
- 荷重たわみ温度
- 難燃性能
- 煙除去性能

光学特性
- 光透過率（透明性）
- 着色性
- 耐候性
（紫外線、高温高湿、オゾン）

化学特性
- 耐有機溶剤
- 耐酸・アルカリ
- 耐油性
- 耐アルコール性
- 生体適合性

(2) 樹脂3Dプリンタの加工品質

3Dプリンタで造形した製品をそのまま商品にすることは可能でしょうか？答えは可であり否でもあります。つまり、要求される機能・品質に依存します。

ここでは、3Dプリンタの加工品質について記載します。

(2-1) 積層ピッチと造形品質

3Dプリンタの造形品を触るとザラザラしているように感じます。これは表面粗度が大きいことを意味します。表面をよく見ると小さな凹凸が見えます。これが、造形時の積層ピッチ（積層厚み）です。積層ピッチを小さくすれば表面粗度も、凹凸も小さくなります。積層ピッチは材料押し出し法の場合は、糸状の樹脂の直径で、材料噴射法の場合は1回の樹脂の塗布量によって、さらに液槽光重合法の場合は垂直方向の移動量によって変化します。一方、積層ピッチを小さくすると、層間の接続面積が小さくなるため強度が低下します。さらに、造形時間が増え、材料使用量も増加します。**図5-3-8**に、これら大小関係を概念的に示します。

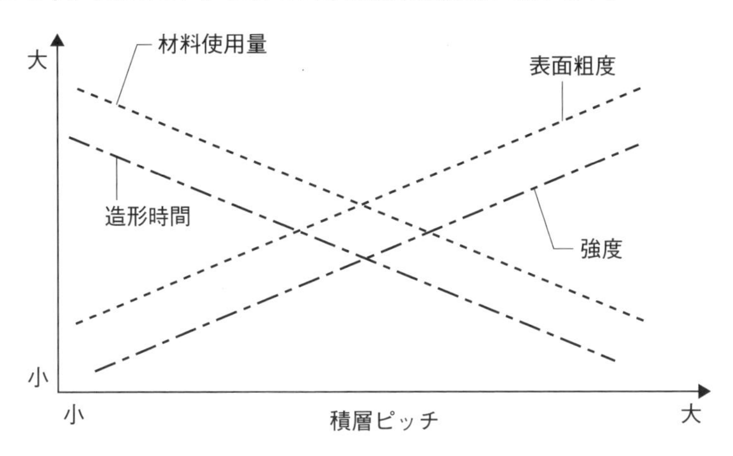

図5-3-8　積層ピッチと造形品質の概念図

(2-2) 材料収縮と精度

3Dプリンタの最小積層厚みは、上位機種でも0.01 mm程度です。造形時にはこれが最小分解能となるため、例えば、0.005 mmなど、0.01 mmより小さい形状は表現できません。安定して造形できる精度は、最小積層厚みの数倍といわれています。その理由は、造形精度は樹脂材料の収縮と、装置の位置決め精度が加算されるためです。樹脂は、固化すると収縮する性質があります。個体や液体の材料でもおよそ当てはまります。例えば、材料押出法では、個体の糸状の樹脂を加熱して溶かします、その後要求形状に造形し、冷やして固化します。収縮量を見込んで、あらかじめ拡大して造形しておくことが有効です（**図5-3-9**）。精度は造形する形状にも影響を受けます。基礎データとして樹脂の物性や形状と造形品のできあがりの寸法の関係は把握しておきましょう。

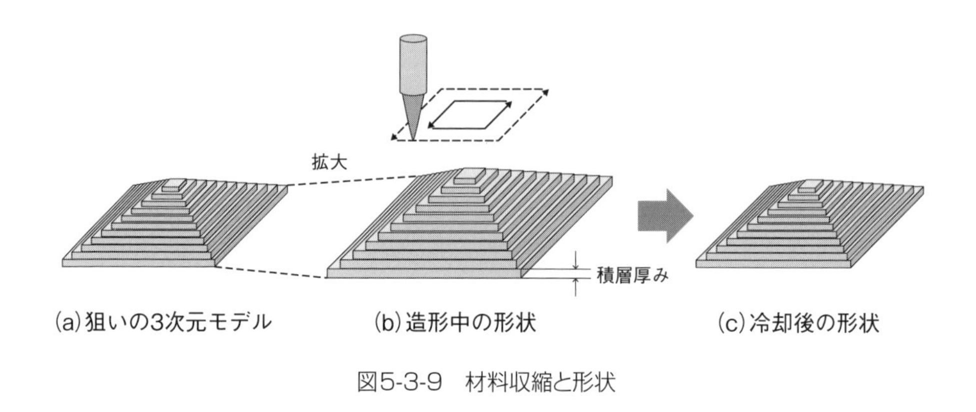

図5-3-9　材料収縮と形状

樹脂を加熱する温度が高いほど、収縮量が大きくなり、ひずみとして材料の内部に残留します。これが、反りやねじれといった変形の要因です。材料の積層方向、内部のメッシュピッチや角度によっても収縮度合が変わります。

以上から、狙った寸法を得るためには、**積層ピッチを微細に制御可能な装置を選定し、収縮の少ない樹脂を選び、収縮しにくい構造に設計**します。

高精度を狙うためには、地道に、情報の蓄積とノウハウ化が必要です。

(2-3) 造形後の環境と寸法

造形後の寸法は温度と環境によって変化します。たとえば、室温が上がると
材料の持つ線膨張係数に従って寸法は大きくなります。ガラスファイバ等の繊維状の強化材が入っている樹脂では、繊維が突っ張る方向（繊維と平行）では膨張率は小さくなります。つまり、繊維の配合によって線膨張係数が変化します。また、樹脂の種類によっては吸湿で寸法が大きくなります。さらに、光硬化性樹脂の場合、未反応成分があると造形後の紫外線暴露により樹脂が収縮します。最終的な使用環境を加味して、変化に対応できる寸法に設計することが重要です。

(2-4) 造形品の二次加工

3Dプリンタの造形品を即製品として考える場合、精度や外観の面で要求仕様に満たないときは二次加工をします。表面粗度や寸法精度は、機械加工（切削や研磨）によって積層時の凹凸を除去することで改善します。その場合、造形時に仕上げ代を取っておくことが必須です。また強度向上の目的で、雌ねじにインサートやボス

を入れることもあります。表面処理は、表面粗度を整えたあと、下地の処理を行ってから金属や樹脂を析出・コートします。造形品の着色は、着色済の材料を使うか、造形後に塗色する方法があります。

(3) 設計即製品化の例

図5-3-10に3Dプリンタによって設計即製品化した例を挙げます。

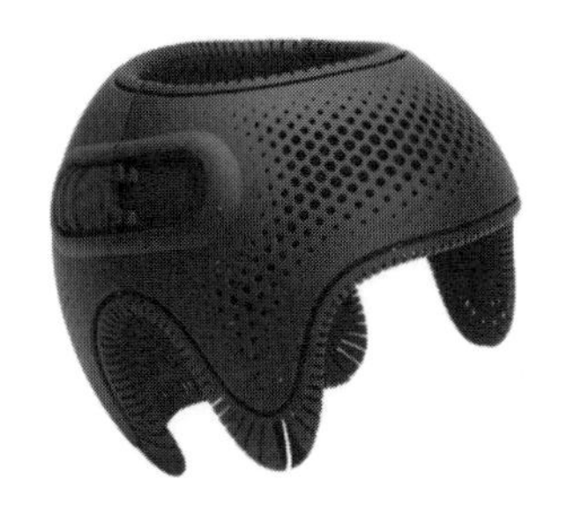
(a)頭部治療用装具/PA12

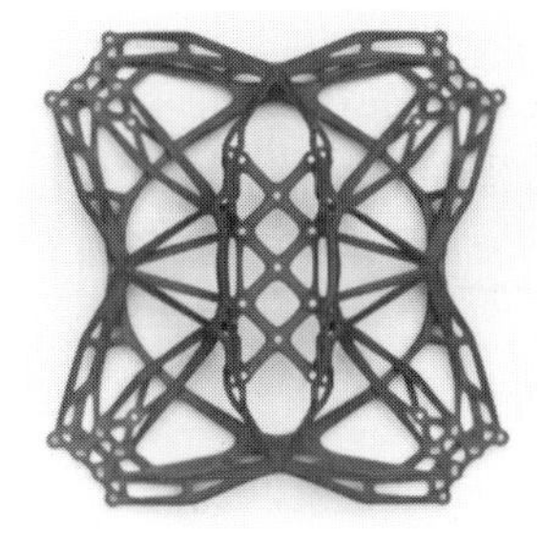
(b)ドローン骨格/ PA11

(c)ホイールモータの模型/ PA12

図5-3-10 設計即製品化の例(提供:株式会社 日本HP)

5-3-3 金属3Dプリンタ の事例

(1) 金属3Dプリンタの原理

金属系材料を使用した金属3Dプリンタは、技術的な課題も多岐に渡り、装置や材料も高価なため普及は限定的です。以降は、産業用途として大きな可能性を秘めた金属3Dプリンタについて概説します。

金属3Dプリンタの種類は大きく2つの工法に分類できます。1つ目は**図5-3-11**(a)、(b)のように、金属の微小粉末を装置内で熱によって溶かし付ける工法(**指向性エネルギー堆積法**)や(**粉末床溶融結合法**)、2つ目は**図5-3-12**のように、金属の微小粉末を結合剤で固めながら造形したあと、造形物を装置の外に取り出して加熱炉等で加熱する工法(**結合剤噴射法**)です。

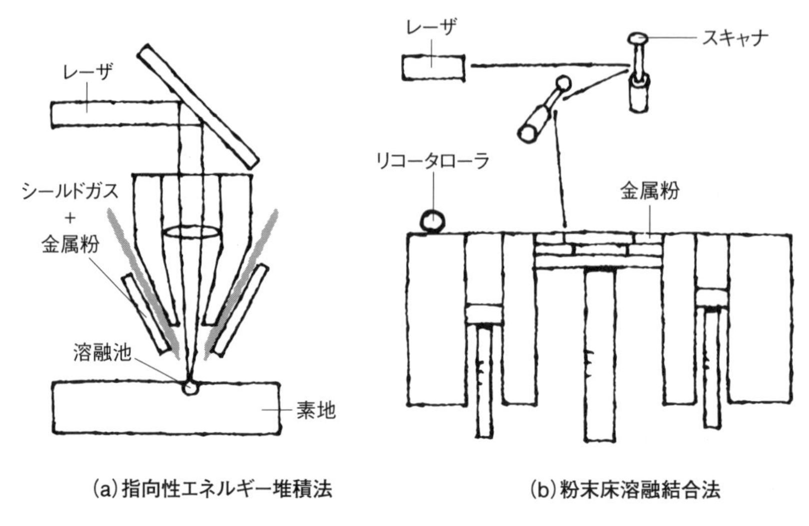

図5-3-11　指向性エネルギー堆積法と粉末床溶融結合法（特許庁資料より）

(1-1) 指向性エネルギー堆積法

金属の粉末をガスの気流に乗せて造形ステージに吹き付けると同時に、レーザや電子線で加熱して溶かしつける工法です（**図5-3-11（a）**）。

金属粉末を加熱炉等に入れて固める焼結とは違うプロセスで、金属粉の粒径にも左右されますが、一般的には、焼結よりも緻密に造形することが可能です。他の工法に比べて造形速度が速く、さらに造形サイズの制約はノズルの可動領域で決まるため、大型の造形物に適しています。また、数種類の金属粉を混合した、傾斜性金属や異種材混合金属の造形も研究開発が盛んです。この工法は金属粉末の運搬に気流を伴うため、微細・微小な造形物は得意ではありません。

(1-2) 粉末床溶融結合法

金属の粉末を金属製のケース内部に敷き詰め、その上からレーザや電子線をスキャナなどで走査して2次元の薄板を造形し、この薄板を高さ方向に積層することで3次元に造形する工法です（**図5-3-11（b）**）。装置構成が比較的コンパクトなのと光の強弱によって薄板の厚みや表面粗度を調整できる点が特徴です。

一般に、装置メーカーは装置と金属粉末をセットで販売する形態を取るため、基本的な加工条件を含めた状態で購入でき、すぐに使える手軽さがあります。注意点は、金属粉末の取り扱いで金属粉末が熱源のレーザや電子線、さらに静電気などの着火源をもとに、粉じん爆発を起こす懸念があります。したがって、加工エリア全体を囲って不活性ガスを充満させるか、あるいは真空にするなど、装置のハード面の安全対策と、ソフト面の運用時の対策が不可欠です。

(1-3) 結合剤噴射法

前述のように、金属3Dプリンタの装置の内部に加熱する工程があると、どうしても加工時間が長くなり、大量につくる造形物では生産性が課題になります。そこで、造形工程と加熱工程を分けることで、生産性向上を狙ったのが結合剤噴射法です。結合剤噴射法は主に3つの工程を経ます（**図5-3-12**）。まず、結合剤の中に金属の粉末を混合したターゲット材を溶融・噴射しながら積層して造形します。次に造形物を装置から取り出し、別の装置で余分な結合剤を洗浄します。最後に、加熱炉等に入れて焼成することで、金属粉末が溶けてつながります。

この工法は、生産性向上の他に、サポート材が不要、粉じん爆発が起きにくいなどの特徴から、金属3Dプリンタの新手法として、近年注目を浴びています。

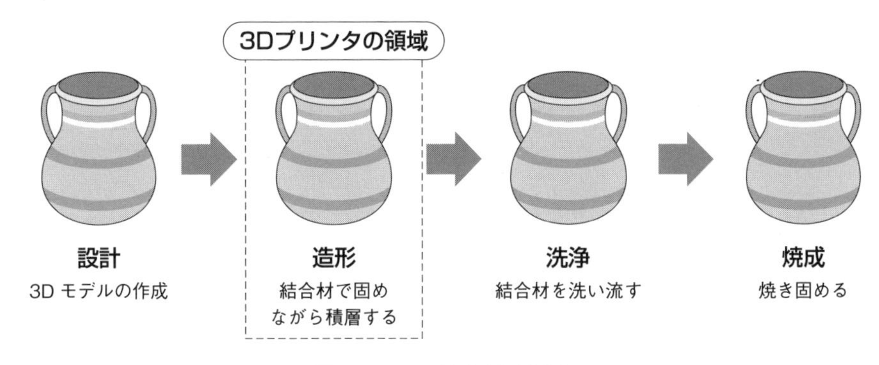

図5-3-12　結合剤噴射法

以上、概説した各種工法と特徴を**表5-3-6**にまとめました。

表5-3-6　金属3Dプリンタの種類と特徴

	指向性エネルギー堆積 (Directed energy deposition)	粉末床溶融結合 (Powder bed fusion)		結合材噴射 (Binder jetting)
通称	パウダーデポジション	パウダーベッド		バインダジェット
種類	レーザ、電子線、プラズマアーク	レーザ	電子線	インクジェット
長所	造形速度が速い	複雑・高精度造形可	エネルギー変換効率高	サポートが不要
	パウダーの除去不要	大気中で造形可	高純度に造形可	積層時に熱が不要
	異種材の造形が可能	適用金属が多い	積層厚が大きい	防爆構造が不要
短所	表面粗さ大	造形速度が遅い	サイズ制限あり	加熱硬化処理が必要
	複雑形状に制限あり	光の反射対策が必要	複雑形状に制限あり	脱脂処理が必要
	造形制度が低い	サポートが多数必要	仮焼結・予熱が必要	材料の選択肢が少ない
適用分野	航空機、建設機械	自動車、航空機	ロケット、航空機、タービンブレード、人工歯、人工骨	自動車、航空機 機械部品
主な材料	チタン系、鉄系、ニッケル系、コバルト系	チタン系、ステンレス系 ニッケル系、クロム系	チタン系、ニッケル系、クロム系	チタン系、ステンレス系、アルミ系、インコネル
造形環境	不活性ガス	大気（活性金属では真空、不活性ガス）	真空	大気

（2）金属3Dプリンタのラティス構造

3Dプリンタの大きな特徴は、機械加工では加工が不可能な中空形状を一体構造物として造形できることです。さらに、2次元の網目状の薄板を積層することで、3次元の網目構造の造形が可能です。網目構造は細かな空間の集合体になるため、見かけ上の密度が疎になり軽量化を実現できます。

このとき、網目のピッチや角度を工夫することで、強度や伸び等の機能を確保しつつ軽量化することができます。この3次元の網目構造のことを**ラティス（格子）構造**と呼びます（**図5-3-13**）。一般に、ラティス構造のメリットは、①材料削減、②異方性の付与（強度、線膨張）、③断熱、④遮音・振動減衰、⑤生体親和、などがあります。

ところが、設計段階でラティス構造の各種パラメータを決め込む際に、手計算ではとても対応ができません。そこで登場するのが、CAEを含めた解析ソフトの活用です。つまり、造形をする前の設計段階で、ラティス構造のパラメータを複数組み合わせて、解析を繰り返し、最適解（形状）を導き出すのです。この発展形が3章4節で取り上げたトポロジー（位相）最適化です。

このように、ラティス構造の設計において、最適な組み合わせを導き出すためにはコンピュータと解析ソフトの支援が欠かせません。

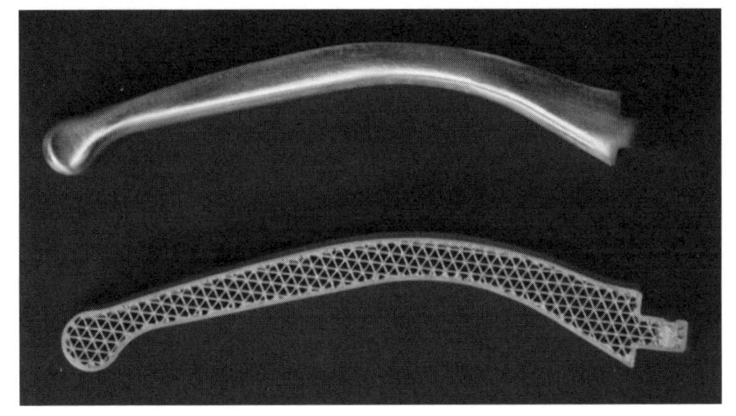

図5-3-13　ブレーキレバーのラティス構造（提供：株式会社ファソテック）

(3) 金属3Dプリンタの課題と展望

金属3Dプリンタに対する市場の期待は非常に大きい反面、普及が進まない要因として、装置の投資コストと材料のランニングコストが高価なことが挙げられます。3Dプリンタ用の金属粉は機械加工に用いる材料に比べて高価であり、装置ごとに使用できる金属粉に制約があります。したがって、材料の選定と装置の選定はセットで考え、品質とライフサイクル全体のコスト検討が重要です。

金属3Dプリンタの課題は、製品設計、装置、材料、造形プロセスの4つの要素技術に大別できます（**表5-3-7**）。個々の要素技術は相互に影響し合っているため、1つの要素技術の範囲内では解決が困難な事案も存在します。それぞれの要素技術に対して横串を通して協業するような取り組みが進んでいます。

表5-3-7　金属3Dプリンタの課題

製品設計	機能設計とデザインの融合
装置	コスト削減（初期投資、ランニング）
	造形速度アップ
	造形サイズ拡大
材料	材料コスト削減
	純度の確保（不純物混入防止）
	粒の制御（形状、粒径、純度分布）
	機能性新材料の開発
造形プロセス	造形条件最適化
	品質の向上（信頼性、精度）
	外観品質向上（表面粗度、色）

このような課題解決にむけて我が国では、2014年に技術研究組合次世代3D積層造形技術総合開発機構（TRAFAM：Technology Research Association for Future Additive Manufacturing）が設立されました。機構は、高機能、高効率かつ安価な産業用金属3Dプリンタの開発と普及に向けたプロジェクトを組織し、経済産業省と民間企業、大学等の教育機関の協業をけん引しています。

また、内閣府主導の戦略的イノベーション創造プログラムSIP（Cross-ministerial Strategic Innovation Promotion Program）でもプロジェクトを開始しています。これは内閣府が提唱するSociety5.0を実現するためのプラットフォームの1つの構成要素として3Dプリンタを捉えており、①3Dプリンタを含めた革新的な生産技術、とそれを支援する②設計技術の開発、③産業界への普及展開、が狙いです。

Society5.0とは、内閣府の定義によると「サイバー空間（仮想空間）とフィジカル空間（現実空間）を高度に融合させたシステムにより、経済発展と社会的課題の解決を両立する、人間中心の社会（Society）」と定義されています。

このように、我が国では3Dプリンタに関する各種プロジェクトが鋭意進行中ではありますが、特許数、論文数による比較では、海外に比べて出遅れている感が否めません。背景には、プロジェクトへの参加企業が少ないことに加え、人手不足などが相まって企業が研究・開発に十分なリソース（人、モノ、金）を割り当てられない現状も垣間見えます。一方海外では、創業期の企業を支援する組織や活動が活発です。そのため、ベンチャー企業が数多く誕生しており、さらに投資ファンドやエンジェル投資家などとの連携も有効に働いています。

我が国の企業数の99.7 %は中小企業です。これからの3Dプリンタ市場の競争に国を挙げて取り組み、ビジネスの成果を呼び込むためには、企業規模に関わらず、企業それぞれの得意分野での協業と、垣根を越えたリソース（人、モノ、金）の流動的な活用、それらをけん引するプロジェクトの活性化に期待がかかっています。

第5章	4	製品のできばえと性能の確認

第5章 4 製品のできばえと性能の確認

5-4-1 部品の測定

(1) 製品の寸法測定

製品のできばえを見える化し、品質を保証するものとして、さまざまな測定器が活用されています。近年その精度が飛躍的に向上し、自動計測も進み使い勝手も格段によくなっています。

実際に製造した部品が設計通りにできているかを確認することは大切である一方、どのような測定器でどうやって測定すればよいかを判断することは意外と難しいものです。測定する対象物の材質や大きさ、測定内容や求められる精度など、考慮するべき点は多くあります。

以下にさまざまな測定器のタイプとその特徴を示します。

表5-3-7　金属3Dプリンタの課題

3次元測定機	3次元形状測定：プローブによる自動測定
3Dスキャナ	3次元形状測定：レーザスキャニングによる自動測定
電子顕微鏡(SEM)	拡大観察、微細形状
レーザ顕微鏡	微細形状、粗さ
マイクロスコープ	微細形状、粗さ
蛍光顕微鏡	微細形状、粗さ
投影機	2次元寸法測定
レーザ変位計	高さ、平面度
ハイトゲージ	高さ、平面度
ダイヤルゲージ	高さ、平面度
マイクロメータ	外側または内側寸法
ノギス	外側、内側(内径)、深さ(段差)寸法

形状を測定する代表的な測定器として、3次元測定機があります。3次元測定機には、測定対象物に測定子先端を当てて測定する接触式と、レーザなどによる非接触式の2通りの測定方法があります。これらは、どのような測定をしたいかによって使い分ける必要がありますが、それぞれの主な特徴を以下に示します。

・接触式……穴や座標の測定や寸法や幾何公差の測定が容易で、より高精度。

・非接触式……さまざまな形状を比較的簡単に測定可能。表面が柔らかいもの、脆いものでも測定可能で、測定対象物表面に傷をつけることがない。

大型の3次元測定機は数ミクロンの高精度計測が可能ですが、測定箇所が限定されることや、3次元データ化が難しく、測定者のスキルやノウハウ、測定用の専用治具などが必要でした。これに対して、３Ｄスキャナは、レンズによるスキャンニングで対象物全体の形状が自動で得られ、3次元のデータ化も容易です。得られた3次元データは、CADの3次元データと比較することによって、簡単に違いを確認することができます。そのほか、柔らかいものも測定も可能ですが、表面の状態の影響を受けるため、専用の粉スプレーを対象物表面に吹き付ける必要があります。

5-4-2 製品の性能を評価する

(1) 精度測定

位置決め精度や振動を測定する方法としては、レーザ測定器が用いられます。非接触で測定できるとともに、その測定精度も数ミクロンの精度で測定することが可能です。レーザ変位計の測定原理として、下記３つの方式があります。

(1-1) ３角測距方式

対象物にレーザを照射し、その反射光を受光素子で結像します。対象物までの距離が変わると、受光素子上の結像位置も変化し、その変化量を対象物の移動量とします（図5-4-1）。

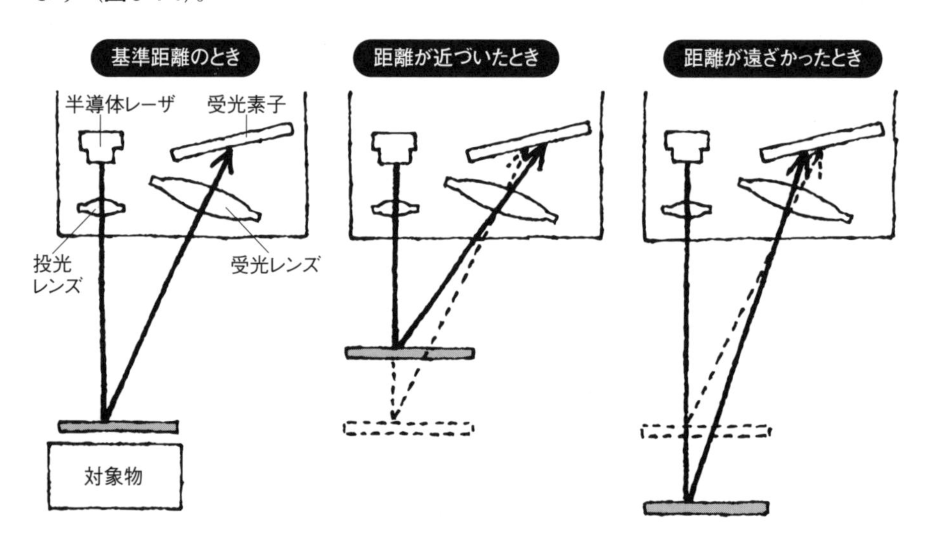

図5-4-1 三角測距法

(1-2) 干渉方式

レーザがビームスプリッタにより2分され、一方は対象物、もう一方はミラーで反射し、受光素子に干渉波として入光します。その光強度分布により、対象物までの距離を算出します（**図5-4-2**）。

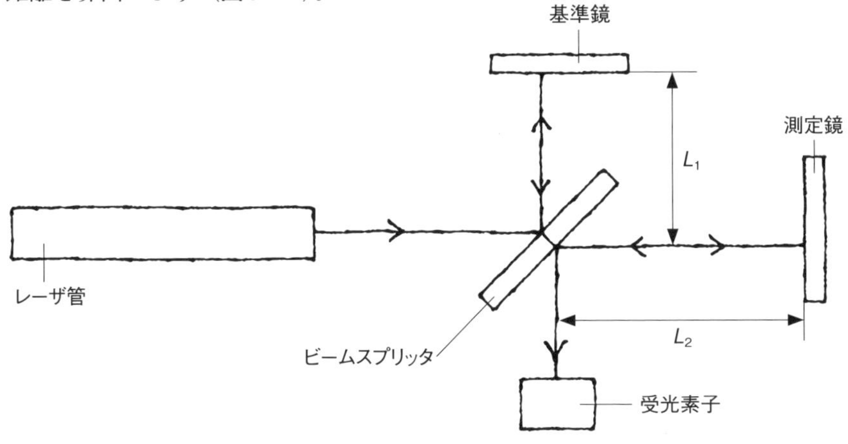

図5-4-2 干渉方式

(1-3) 共焦点方式

波長ごとに集光位置が異なるレーザを対象物に照射し、最大光量の波長位置を検出し、距離を測定します。対象物の材質、色、形状、表面の状態の影響を受けずに高精度で測定することが可能です（**図5-4-3**）。

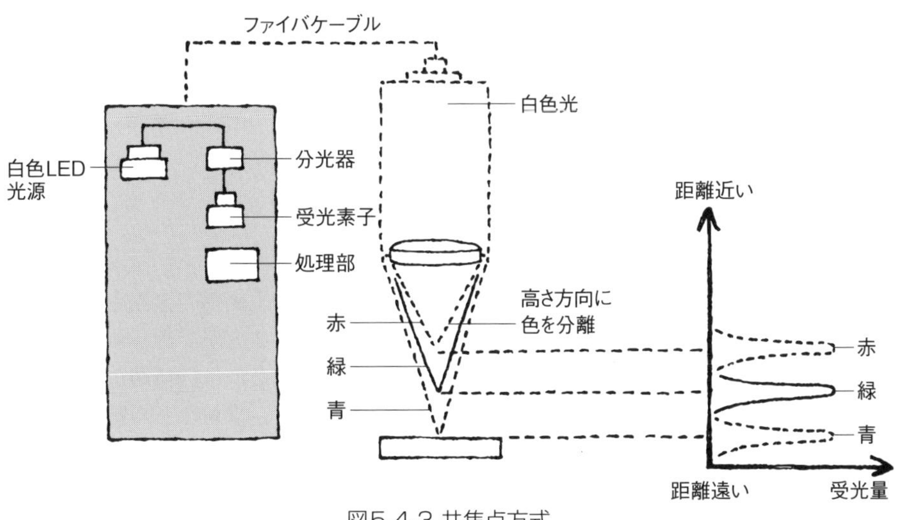

図5-4-3 共焦点方式

またロボットが移動する軌跡を測定するものとして、レーザトラッカーが考えられます。ロボットが動作を始めてから終了するまで、実際にどのような動きをしているのかを知ることが可能です。

リフレクタと呼ばれる鏡面のターゲットにレーザを照射し、ターゲットの動きに追従して測定器が水平、垂直に動くことで、各測定点のX、Y、Z軸の座標を読み取ります。

レーザトラッカーは、本体が10kg程度の測定器で、距離測定精度は最小15μm程度、追従最大角速度は180°/s程度で、測定精度は測定器とターゲットの距離が離れるほど悪くなります。本体価格は数千万円で、年1回の校正費用も数十万円かかります。

図5-4-4 レーザトラッカー

(2) 加速度、角速度の検出

加速度や角速度をセンサで検出することによって、振動や衝撃の大きさや姿勢を知ることができます。これらを知ることで、振動を抑えることができ、かつ、姿勢を制御することが可能になります。従来までは振動を抑えるには機械的な剛性を上げることが一般的に行われていましたが、コスト、サイズ、重量などの制約から難しくなっています。これらを制御的に解決するため、加速度、角速度センサの活躍の場は、今後ますます広がると考えられます。以下に加速度、角速度センサについて解説します。

(2-1) 加速度センサ

直進の速さ（加速度→速度→距離）の計測を行います。
加速度センサは振動、衝撃の大きさや、重力に対する姿勢を知るためのセンサです。質量に働く力を検出するもので、主に以下の4種類があります。

①静電容量型

加速度による可動電極の移動による固定電極との隙間の変位を静電容量の変化として検出します。高精度で安定した検知が可能です。

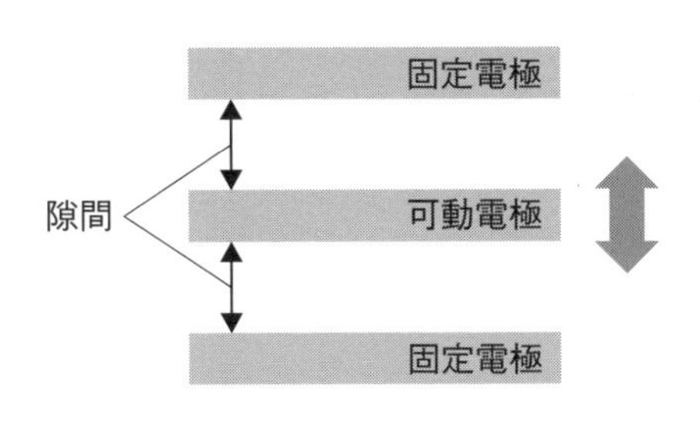

図5-4-5静電容量型

②圧電型

力を受けるとその表面に電荷が発生する圧電効果を生じる圧電素子（水晶やチタン酸バリウムなど）を用いて、振動加速度に比例した電気信号を出力します。圧電素子への圧縮力を検知する圧縮型と、せん断力を検知するせん断型（シェア型）に分けられます。

高い周波数計測や衝撃などの高い加速度の計測に利用され、自動車の衝突検知や機器の振動計測、落下試験などで使用します。比較的安価で機械的強度も高く、経年変化が少ないといえます。

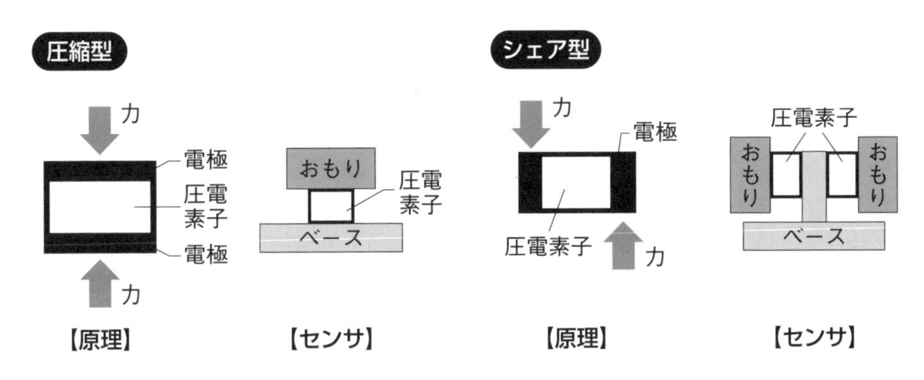

図5-4-6圧電型

③渦電流型

渦電流効果を利用したもので、高周波電流を流したコイルに対象となる金属を近づけると金属内に渦電流が流れ、その強さはコイルと対象物との距離により変化します。加速度による対象物の移動による隙間の変位を渦電量の変化として検知します。

耐久性が高く、高温環境での使用にも適しています。

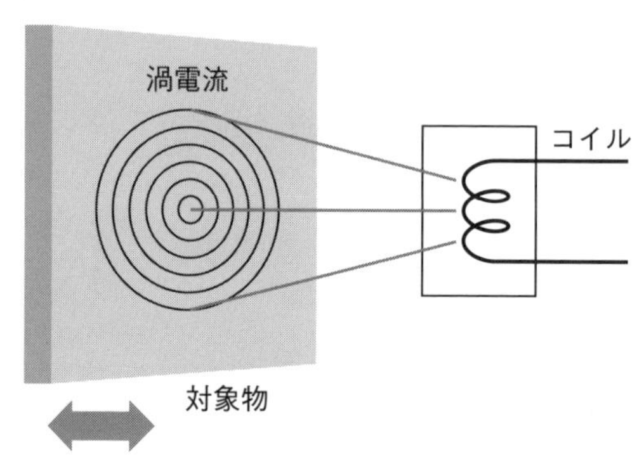

図5-4-7渦電流型

④ピエゾ抵抗型

加速度の変化により空洞部（ダイヤフラム）の上の薄いシリコン面がたわむと、歪ゲージのピエゾ抵抗効果により電気抵抗値の変化として検知します。
大量生産が可能でかつ小型なため、ゲームや携帯機器に使われます。

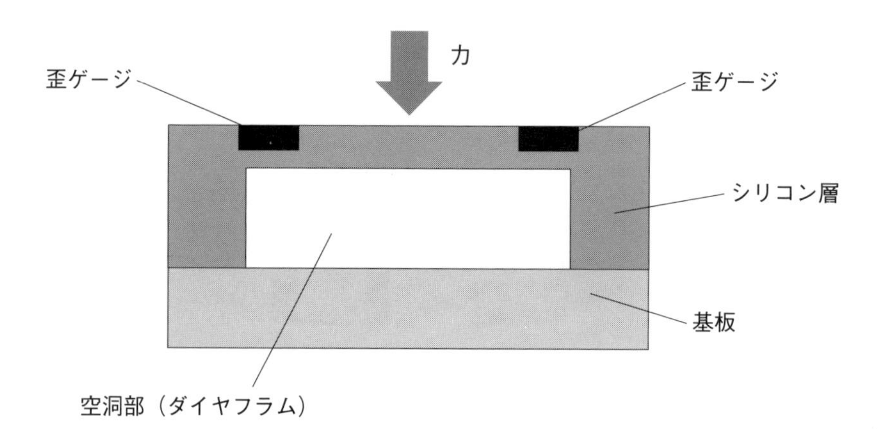

図5-4-8ピエゾ抵抗型

(2-2) 角速度センサ（ジャイロセンサ）

回転の速さ（角加速度→角速度→角度）の計測をします。

角速度センサは、1つの軸を中心に物体が回転するときの単位時間あたりの角度の変化量である“回転角速度”を測定するセンサです。空間を移動する物体を安定して制御することが可能になります。

検出原理としては、下記があります。

・コリオリ力：速度を持った質量に角速度が加わると、速度と角速度が直交する方向にコリオリ力という力が発生します。

・サニャック効果：位相が揃った光が干渉した部材に、角速度が加わると位相差が発生します。

・ジャイロ効果：物体が高速回転すればするほど、姿勢を乱されにくくなる現象です。

角速度センサには、以下のような方式があり、機械式 → 光ファイバ、リングレーザ → クォーツ型の順で精度が悪くなり、価格も安くなります。

・機械式：各速度によるトルクとバネによるトルクが均衡する角度を検出

・角速度によるガス流の曲がり量をホイーストンブリッジで検出

・ダイナミカリー・チェーンド・ジャイロ：角速度によるジャイロロータの変位を電流として検出

・振動式：角速度によるコリオリ力を物理量に変換し検出する

・光ファイバ：角速度によるサニャック効果で生じる光ファイバの干渉パワーの変動を検出

・リングレーザ：角速度によるサニャック効果で生じるリング型光共振器の干渉縞の本数をカウントして検出

・クォーツ型：角速度によるコリオリ力を圧電素子で検出

■D(￣ー￣*)コーヒーブレイク

ジャイロスコープ

ジャイロ効果を応用したものとしては、ジャイロスコープがあります。ジャイロスコープは、回転軸が空間のどの方向にも自由に向くように作られていて、回転時には回転軸が空間に対して一定方向を指し続けます。摩擦や外部からの抵抗を排除して、地球の重力以上の力を回転体に与えることで、ジャイロスコープが前もって定められた独自の方向性を維持することができます。こまの水平安定性質を垂直にも拡大したものといえます。そのため、ジャイロスコープは飛行機や船舶の方位計器として利用されています。

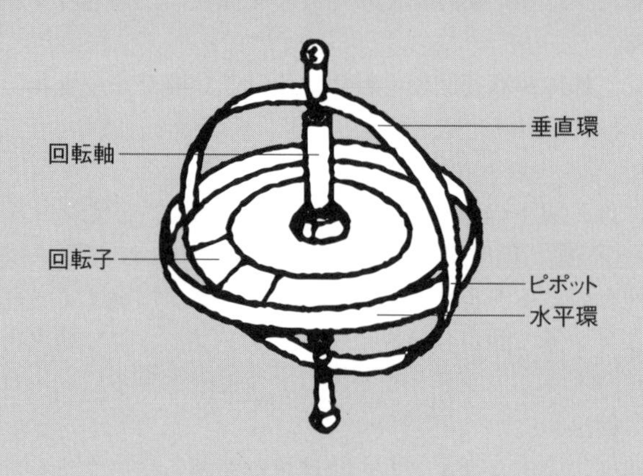

第5章	5	AI、IoTの生産効率、品質向上、およびインフラ保全への適用

5-5-1 AI、IoTの広がり

(1) 製造業における生産効率、品質の向上

日本国内において、働き方改革が推進されていることからもわかるとおり、将来的に、少子化高齢化にともなう生産人口の大幅な減少が予想されています。そのような背景の下、製造業においては、これまで以上、より一層の生産品質の向上と効率化が望まれています。生産効率向上のためには人材の効率的な活用のみならず、生産プロセスにおける異常を早期に検出し、歩留まりを向上させる技術が望まれます。また、生産プロセスでは、いわゆる”カン”と呼ばれる経験にもとづく、技能的な要素が要求されることが多分にあります。機械加工における加工条件などがそれにあたります。これらを如何に伝承、継承していくかが大きな問題となっています。さらに、工業製品の高機能化のスピードは著しく、そこでは機能のみならず、耐久信頼性含めた、高い品質が要求されます。

このような状況の中、生産プロセスの異常検出、技能的要件の継承、伝承、および高品質化を効率的に実現するためにAI、IoTの有効的な活用が期待されています。ストレージの低コスト化、大容量化、計算機の高機能化により、これまで扱えなかった製造現場での生産条件、不具合発生具合、加工製品の品質、消費者の使用状況、故障、損傷の発生状況といった膨大なデータ（いわゆるビッグデータ）を保存し、それらデータを統計的に処理、有効に活用できる環境になりつつあります。IoTの普及、その活用によって、適切なタイミング、内容のデータを取得し、AI含めた、有効なデータ解析手法を適用することで適切な改善策を得ることができます。

(2) インフラ設備の寿命予測、保全

現状、高度経済成長期に作られた橋、道路、トンネルなどのインフラ設備の老朽化が進んでおり、その有効な管理方法が望まれています。インフラ設備は私たちの身の回りになくてはならないものであり、その不具合、破損で場合によっては人の生命に関わる重大な事故を引き起こします。笹子トンネル天井板落下事故による甚大な被害は記憶に新しいと思います。そのため、インフラ設備の保全においては高精度な異常検出、寿命予測が求められています。インフラ設備のみならず、老朽化した生産設備を効率的に稼働させるために高精度な異常検出、寿命予測が求められています。

データの収集には、センサを含めた情報取集ツールとIoTの有効活用が、得られたデータの分析にはAIの適切な活用が、有効となります。

(3) 工場のスマート化

ドイツのIndustrie4.0、アメリカのIndustrial Internet、中国の中国製造2025といった動きの中で、生産性向上、品質管理・向上、在庫削減、不良品の削減を目的としたAI、IoTを活用した生産革新が進められています。現状では、その活用が従来型の工場での部分的な活用が中心となっています。中長期的には、設計、製造、工程、在庫管理といった一連のものづくりの流れ全体を効率化する工場のスマート化への適用に進展すると考えられています。(**図5-5-1**)

スマート工場については、古くは、CIM（Computer Integrated Manufacturing）という考え方が提唱されています。CIMとは、CAD（Computer Aided Design）の活用によって製品の形状、部品同士の整合性を設計し、CAE（Computer Aided Engineering）の使用環境下での製品の機能（熱、流体）、強度、疲労特性などの部品の信頼性を把握する、CAM（Computer Aided Manufacturing）により部品を加工するための製造条件を決定し工程設計に落とし込む、というようにモノづくりを構成する一連の作業工程をコンピュータの活用により統合することで生産性の向上を目指す考え方のことをいいます。加えて、SCM（Supply Chain Management）という考え方もあります。SCMとは、需要の予測、サプライチェーン計画といった生産計画、在庫管理、輸送管理といった流通計画を効率的に管理するシステムのことをいいます。スマート工場では、CIMのような製造工程のスマート化に加え、AI、IoTの活用で設備の稼動状況、生産状況をリアルタイムで監視し、SCMのような生産計画、流通工程のスマート化を複数の工場でネットワーク化し、サプライチェーンの効率化を図ります。最終的には、設計、製造、調達、流通といった全てのモノづくりの工程がつながることで生産性の向上をめざすといったAI、IoTの活用が期待されています。

以下では、このような背景における、さまざまな課題の解決のために、AI、IoTをどのように活用していくと有効かについて考えていきたいと思います。

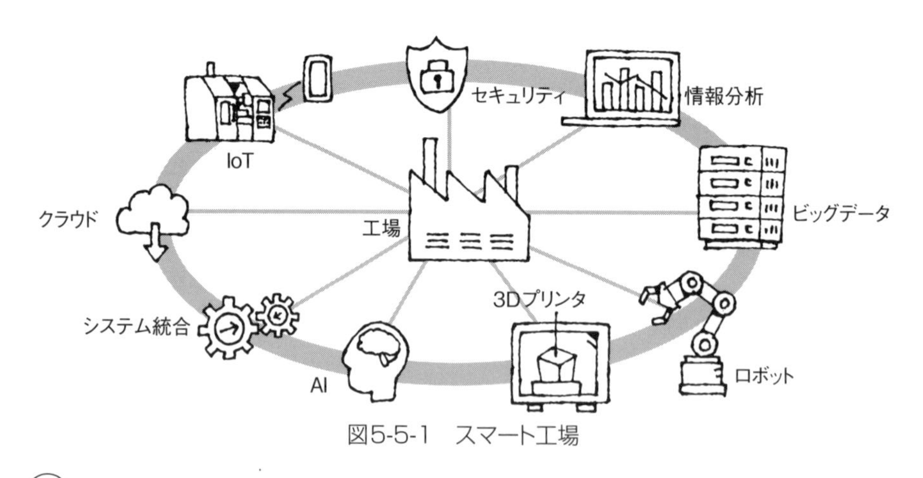

図5-5-1　スマート工場

5-5-2　データ解析手法

AI（人工知能）は「機械学習」、「ディープラーニング（深層学習）」という概念を包括しています（**図5-5-2**）。さらに、機械学習は大きく「教師あり学習」、「教師なし学習」、「強化学習」の3つに分類できます。以下、それぞれについて説明します。

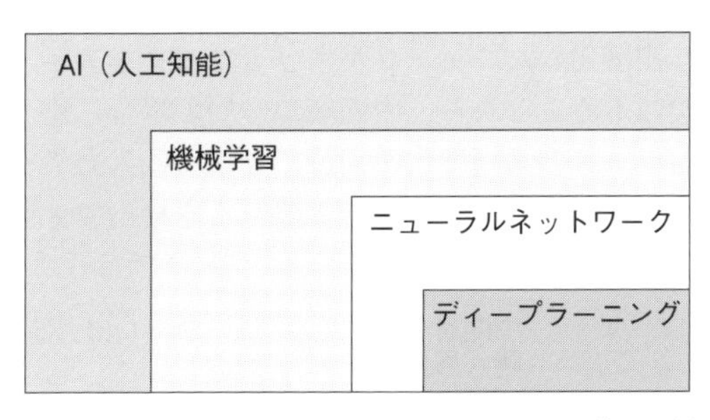

図5-5-2　AI、機械学習、ディープラーニングの関係

(1) 機械学習

(1-1) 教師あり学習

準備された教師データをお手本として学習に利用し、未知の情報に対応することができる回帰モデルや分類モデルを構築します。教師あり学習の代表的な分析手法としては回帰分析〔入力となる変数（生産現場での生産条件、生産環境、作業員の習熟度、寿命予測）と、結果としての変数（歩留まり、破損発生など）の関係を定量的に分析し、分析結果に基づき未知の入力に対して結果を予測する手法〕、決定木〔文字通り、木の枝のような階層状（樹形図）にデータを分類することで、未知のデータのための判別基準を設定する手法〕などがあります。

(1-2) 教師なし学習

教師なし学習では、お手本とする教師データがありません（正解が与えられていません）。大量のデータの特徴から、それらをグループ分けし、そのグループの特徴（境界）を導き出します。未知のデータが与えられた際は、そのデータがどのグループに分類されるかを判断することができます。教師なし学習の代表的な分析手法としては、k平均法（傾向が同様のデータをその特徴にもとづきグループ化する手法）、アソシエーション分析（消費者の購入履歴から興味を持つと考えられる商品を提案する手法、商品の販促に用いられます）などがあります。

(1-3) 強化学習

強化学習では、試行錯誤の行為に対して報酬（評価）を設定することで最適化を図ります。たとえば、ロボットの歩行方法の最適化において、「歩行可能距離」を報酬（評価）として設定し、歩行距離が最長になるように様々な条件設定を変更しながら学習していく方法です。

(2) ディープラーニング（深層学習）

ディープラーニングはニューラルネットワークというデータ解析手法がベースになっています（図5-5-3）。ニューラルネットワークは脳の神経回路を模擬したデータ解析手法で、入力層、中間層、出力層の3層から構成されています。入力データの出力データへの関連度合いを学習し、入力データに対して重みをつけていきます。その結果、未知のデータを入力した際の出力を予測することが可能となります。中間層を二層以上に複層化したニューラルネットワークをディープラーニングと呼びます。中間層が複数あることから、中間層が一層の場合に比べて、より複雑な事象に対応でき、出力データの高精度化が期待できます。入力データの特徴量の専門家による前処理を必要とせず、計算機が自らそれらを検出できます。

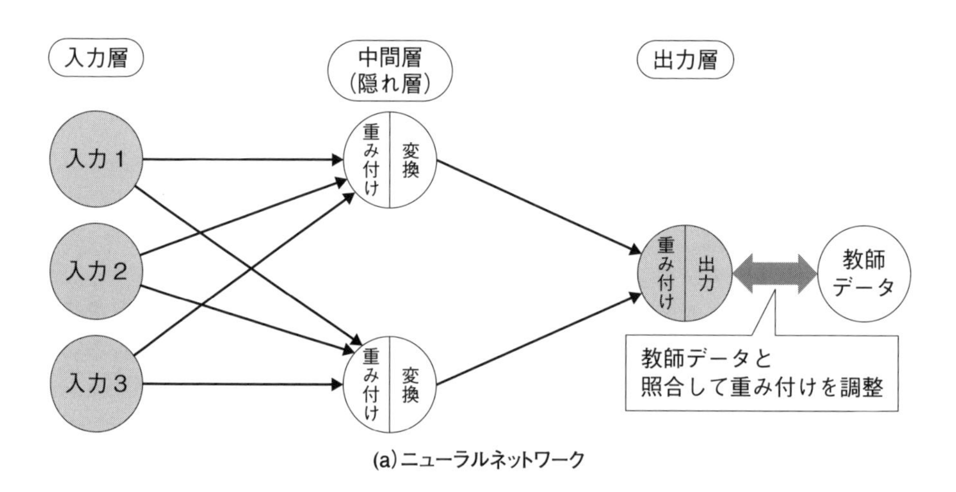

(a) ニューラルネットワーク

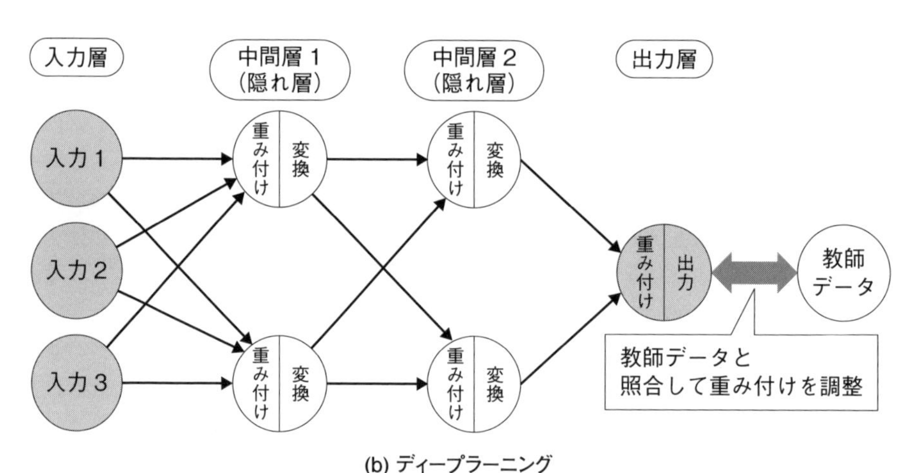

(b) ディープラーニング

図5-5-3　ニューラルネットワーク、ディープラーニング

(3) ベイズ理論

ベイズ理論は「条件付確率」のことで、Bという事象が起こる確率は、Aという事象が起こったあとと起こらなかったあとを比較した場合、その確率は異なるという考え方のことをいいます。例えば、自動車車体のプレス成形不良が起こる事象Bの確率は、素材のロット違いが混入するという事象Aが前提条件として起こった場合では、起こっていない場合とは発生確率が異なるという考え方です。このように、前提条件の情報がわかることで故障、不具合の確率予測の精度向上が期待できます。

これらのデータ解析手法を有効に活用していくことで、生産効率の向上や寿命予測に大きく貢献していくと考えられます。

5-5-3 AI(データ解析手法)適用の実際

(1) 製造業における生産効率、品質の向上

(1-1) 製品不具合低減による歩留まりの改善

食品の原料検査にAIを活用した事例があります。原料であるダイス型にカットしたジャガイモにおける異物混入の判別を行ったものです。画像解析の結果をAIに機械学習させることで、不具合を検出しています。その際、そもそも不良品が発生する頻度が良品の頻度に比べて少なく、不良品の特徴を学習させるだけのデータが少ないという課題があるため、良品の特徴を抽出して、その特徴に差分がある場合を不良品として検出する方法をとっています。このような「画像解析により、良品の特徴を抽出し、その差分から良品、不良品を判別する方法」は自動車部品（自動車ギヤ）の製造でも使われています。

(1-2) 工場内の作業監視によるミスの防止

作業者の状態は、負荷状態によっては標準作業状態から乖離したイレギュラーな動作となり、安全面でのリスクや製品不具合の発生につながる場合があります。その防止を目的とし、監視カメラによって、作業員の関節の位置からカメラが作業の動きを読み取り、部品の間違い、組み立て順序のミスを検知することで不良品の発生を抑制している事例があります。その際、正常作業の動作から外れた動作を行った場合を異常な状態と判断、通知し、作業のミスを防止しています。

(1-3) 複雑作業のロボットへの適用

箱の中にバラバラに置かれた部品を取り出すような作業は人間にとってはさほど難しくない作業ですが、ロボットにとっては、部品の状況（傾き、重なりなど）に応じて、部品をどうつかむかという複雑な判断が必要となります。そこで、監視カメラから得られた画像により部品の状況を認識しAIに機械学習させることで、ロ

ボットの作業指示データを作成しています。

これら、いずれの事例も、AI、IoTが歩留まりの改善、生産効率の向上といった効果のみならず、生産現場の課題を数値化、可視化することで設計、工程設計にフィードバックできるという利点があります。また、IoTによるデータの取得が従来設備のままではレイアウトの関係などで物理的に困難な場合、次期の設備導入時の仕様にそれを考慮し、盛り込むことも可能となります。

5-5-4 インフラ設備の異常検知、保全の高度化

(1) インフラ設備の異常検知

コンクリートのひび割れの検出にAIを活用した事例があります。これまで、コンクリートの表面の画像の濃淡により、ひび割れの状態を検知しようという試みがなされていたのですが、チョーク、気泡といった表面形状差による陰影をひび割れと検出してしまい、精度が得られませんでした。そこで、ひび割れの二次元的、局所的な形状の特徴に着目し、AIの機械学習を行うことで精度の良いひび割れの検出を実現しています。また、舗装道路の損傷判断にAIを活用した事例もあります。ドライブレコーダーによって撮影された路面映像を用い、AIに機械学習させることでわだち掘れ、ひび割れといった道路の損傷状態を精度良く、検出することができています。

(2) インフラ設備の保全の高度化

橋梁内部の健全性を評価するためにAIを活用した事例があります。先述のとおり、ひび割れが表面に存在する場合は画像解析とAIの機械学習の適用が効果的なのですが、内部の損傷の程度を予測することは困難です。そこで、橋梁に入力される振動負荷データを用い正常波形と内部欠陥発生後の波形を比較し、時系列における変化度を数値化し、そのデータをAIに機械学習させることで設備の損傷具合を予測することが可能となっています。

インフラ設備の異常検知、保全の高度化は、高度経済成長に建設された老朽化した設備をいかに効率的に維持・管理、補修していくかという点で、サスティナブル社会実現のためにも重要な課題となっており、AI、IoTの活用はその有効な解決策となっています。

AI、IoTの活用により、製造現場で起こるさまざまな課題を解決でき、生産性向上に寄与できることはこれまで述べてきたとおりです。さらに、これまで暗黙知とされてきた技能伝承の可視化、それら技能の効率的な指導（遠隔教育）、作業者の負荷低減、安全確保といった人材の教育、就労環境の改善への活用も期待されてい

ます。また、これまで数値化できなかった事項がデータベース化されることで、製品設計、工程設計する際に、それらの影響をフィードバックすることが可能になると思われます。AI、IoTはビッグデータの活用が要であるため、セキリティ面、知的財産的な課題はあるものの、複数の企業でデータを共有することが有効となります。特に、中小企業の場合、IoTの導入による効果が投資に見合う必要があります。その意味でも、さまざまなデータ、および学習済みモデルの共有化が望まれます。

今後、時系列データ、環境データ、品質・性能データ、作業者の熟練度といったデータが蓄積され、相互の関係が明らかになることでAI、IoT活用の有効性が向上していくものと考えられます。

第5章	6	# 市場に品質不具合を出さないQMS (Quality Management System)

設計した製品が市場で不具合を出すことは、企業の存続を揺るがす重要な問題へ発展することがあります。品質不具合の流出を防止する方法として、生産現場での出荷検査を適切に行うことは当然のことですが、それだけでは市場での不具合を防止することはできません。

品質管理には、一般的に広義と狭義の品質管理があります。狭義の品質管理はQuality Controlのことを指し、「品質保証行為の一部をなすもので、部品やシステムが決められた要求を満たしていることを前もって確認するための行為」と位置づけることができます。一方で広義の意味での品質管理は、マネジメントとしての品質管理のことを指し、「品質要求事項を満たすことに焦点を合わせた品質マネジメント（Quality Management）」としてJISの中でも述べられています（**表5-6-1**）。

市場の要求が多様化し、製品の機能がますます複雑になる今後のモノづくり現場において、品質管理は工場の品質管理部門だけの問題でなく、会社経営全体の課題として取り組むことが重要になります。そのために、品質方針を経営計画の中に定め、要員、資源を組織化し、その活動を統制する品質マネジメントのルールを定めることが必要となるでしょう。

表5-6-1 「品質管理」の種類、用語の定義

①品質管理(QC:Quality Control)
品質要求事項を満たすために、品質規格を設定し、それを実現するための手段。主に製造段階に近い領域で実施される。
②品質マネジメントシステム(QMS:Quality Management System)
品質に関して組織を指揮し、管理するためのマネジメントシステム
③統計的品質管理(SQC:Statistical Quality Control)
統計的方法を用いてデータの収集や解析を行い、基準や標準を決定していく活動。工程全体の品質特性とばらつきを見て管理を行う。
④総合的品質管理(TQC:Total Quality ControlまたはTQM:Total Quality Management)
製品やサービスの製造段階だけでなく、アフターサービスを含む全行程での品質管理を、サービス部門や管理部門も含む組織全体で統計的な原理と手法を応用しながら取り組む。

5-6-1 ISO9001について

品質管理の国際規格としてISO9001は世間一般に周知されており、時代背景や実運用からの見直しを受けて、適宜改定されています。

はじまりは軍需産業や原子力産業などを対象に、1987年にISO9001の初版が発行されました。当初のタイトルは「品質システム - 設計・開発、生産、据付及び付帯サービスにおける品質保証モデル」となっていました。それ以後、改定が繰り返され2000年版ではタイトルが「品質マネジメントシステム(QMS) - 顧客要求」に変わりました。また、2015年版では、より企業経営の実態に寄り添うマネジメントシステムへと変更されています。したがって、ISO9001を採用することの狙いは、「パフォーマンス全体を改善し、持続可能な発展への取組みのための安定した基盤を提供するのに役立つこと」となります。ISO9001の考え方については、本書(1-2-2 品質マネジメント)を参照ください。

ISOを取得していることと、不良品の発生の有無は、実際のところ関係ありません。不具合による製品回収が多い会社でも、ISOの認証を取ることはできます。ISOが目指しているのは、不良品を0にすることではなく、「不良品を0に近づけるための仕組みをつくっていく」ことです。不良品が発生しても、それをすみやかに回収し、原因を追求し、改善に結び付ける仕組みがあることが求められます。そして、その改善していくプロセスを社内に根付かせていくことで、「継続的に改善」していきます。「常に会社が良くなるようにルール改正をする」仕組みをつくることで、会社は少しずつ良い方向へ変わっていく。これがISO9001の考え方といえます。

■D(￣ー￣*)コーヒーブレイク

品質管理の歴史

品質管理（QC：Quality Control）は米国で生まれ、米国で発展し、その後に日本に導入されました。戦後に、米国より指導者としてテミング博士が招かれ、日本国内企業に品質管理を普及する活動が紹介され、展開されていったといわれています。品質管理に関するテミング賞は彼の名にちなんだものです。

1950年代	SQCを工業に活用。事実に基づくデータの統計的解析が始まる。 手法：QCの7つ道具
1960年代	SQCからTQCへ発展。現場での改善活動を軸としたQC活動などにより、高品質の商品が高効率かつ低コストで生産されるようになり、日本のTQCが海外で注目される。 手法：FTA,FMEA,MTBF,MTTR,稼働率、SIL
1970年代	TQCの確立。高度成長期の終わり（1973年）省エネの時代へ。
1980年代	TQCの拡大。製造業以外へのTQCの展開。 製造業では品質保証（QA：Quality Assurance）という活動としても拡大。
1990年代	TQCからTQMへ変更。ISO 9000～9004の規格を採用し、JIS Z 9900シリーズとして制定された。
2000年代	ISO9001による品質マネジメントシステムの広がりが進む。

5-6-2 市場に不具合を出さない設計プロセスの構築

工場の検査で合格となり出荷された製品が、お客様の現場で問題を起こす場合があります。なぜこのようなことが起こるのでしょうか？工場検査の見落としや、検査の仕方に問題があるかもしれませんが、多くは設計に起因するといってもよいでしょう。工場では設計部門から与えられた手順で製造し、与えられた検査基準で検査をします。つまり、工場の出荷検査に合格した製品でも、設計部門が想定していない環境で使用されると、不良になることが起こりえます。したがって、市場に不具合を流出しないためには、源流である「設計品質」を高めることが重要となります。

次からは設計品質を高める手法についていくつか紹介していきます。

（1）デザインレビュー（DR：設計審査）

各個人で行った設計には、誤りや考慮不足などが生じるリスクが多くあります。それらを防止するために、違う考え方をする人やさまざまな見方をする人へ適切なタイミングでレビューを行うことは、結果的に開発工数や開発費用を削減し、市場に流出する不具合を減らすことに有効です。

デザインレビューでは、開発する製品の市場性から廃棄にいたるライフサイクルの計画までの広い範囲で、その妥当性の評価を行います。その際、組織全体で製品の質を高める取り組みとして、製造担当や調達、営業担当などからも、多面的な意見を取り入れるのがよいでしょう。

さて、デザインレビューでは、参加する関係者全員が、製品の形状や性能、要求から分析した仕様の内容を理解する必要があります。しかしながら、デザインレビューの場で、2次元CADの図面データを用いて製品形状や性能の説明を行っても、設計者以外の関係者には伝わらないことが懸念されます。近年では、3次元CADのデータが製品の仕様に合わせて画面内で動作したり、VRやARを用いて、バーチャル空間上で説明できる環境が展開されつつあります。そういった環境の中で関係者と議論をすることで、実際の組付けに関する問題やお客様の使い勝手を事前に検討することが可能となります。

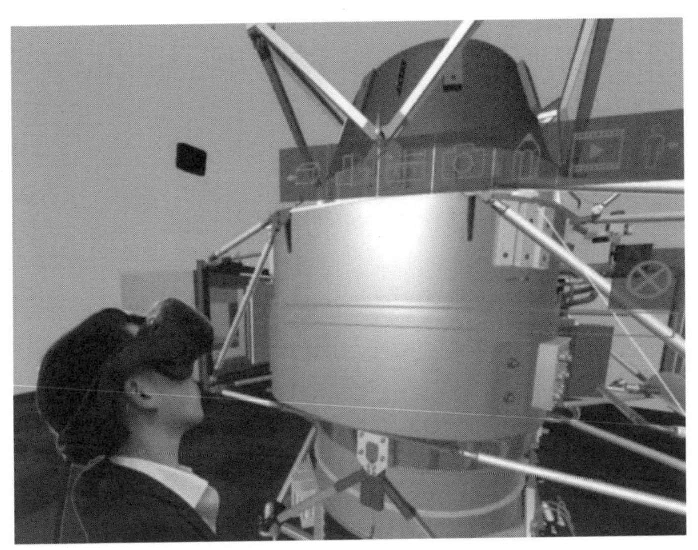

図5-6-1　VRシステムを用いたデザインレビュー

（提供：ラティス・テクノロジー株式会社）

（2）設計品質を維持するリスクマネジメントシステム

設計品質を維持するためには、不具合の要因をできるだけ事前に把握することが重要です。そのために、故障モードの事前予測や品質に影響を及ぼすばらつき特性の抽出を行い、品質を維持するように設計へ反映します。また、過去のあらゆる工程で出た不具合の情報を収集し、形式知化する、いわゆるナレッジマネジメントのシステムは、その企業独自の重要な設計資産となります。このナレッジマネジメントを次の設計に活かし、設計システムの構築とナレッジの強化について、PDCAサイクルをまわしながら行うことは、市場への不具合流出防止にたいへん効果的です。

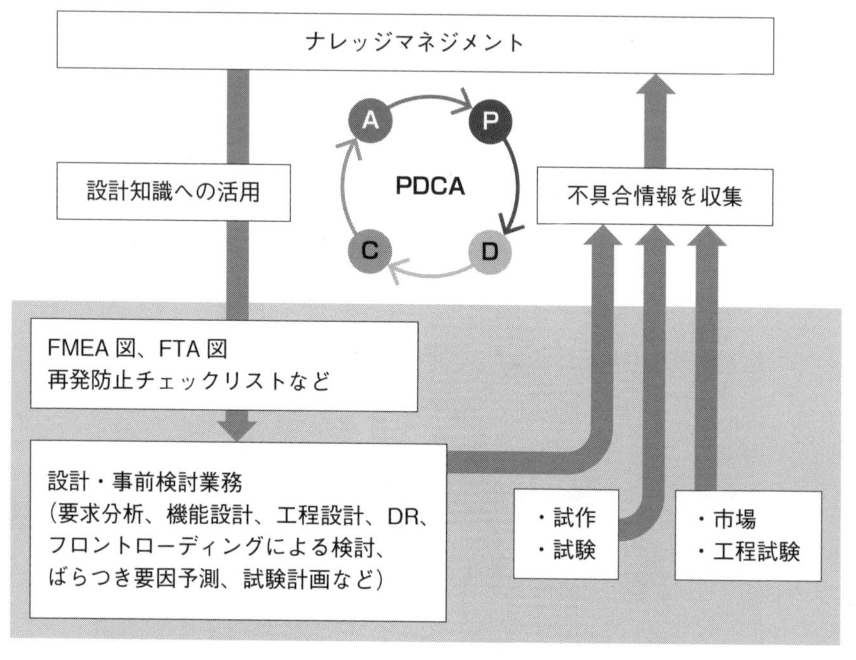

図5-6-2　リスクマネジメントシステム

図5-6-2のようなリスクマネジメントシステムを構築するために、検討すべきいくつかのアクション項目について次に述べます。

(2-1) ばらつき要因の予測・事前検討

市場で発生する製品の不具合の要因には、その製品の生産工程でのばらつき、および経年変化による特性の変化などが考えられます。設計の際にはそれらのばらつきの要因と、それが製品の品質や性能に及ぼす影響を事前検討することが重要です。影響が無視できない場合は、図面寸法の公差管理や、受入れ、出荷検査等の項目の追記、特性の変動を環境条件とした試験計画などを作成し、不具合防止の対策を行う必要があります。

以下に不具合につながるばらつき、特性の経年変化の例を示します。

・生産工程でのばらつき…

生産工程を構成する要素は材料（Material）、設備（Machine）、オペレータ（Man）、加工方法（Method）、計測（Measurement）、環境（Environment）の5M1Eからなります。これらが原因となり、製造品質である品質特性がばらつくことがあります。

・環境の変化によるばらつき…

温度、湿度、気圧、光、振動、磁気環境、ノイズなどの外部環境の変化により特性が変動することがあります。

・経年変化等によるばらつき…

摩耗、潤滑材の変化、金属疲労、季節による温度変化、腐食（酸化）、（ゴミなどの）堆積、異物混入などの経年変化要因が製品の性能の変化、不具合をもたらすことがあります。

(2-2) ナレッジマネジメントシステム

ナレッジマネジメントとは、企業において従来は個人が持っていた“暗黙知”を企業内で共有し、全体的な生産性を向上させる管理手法です。“暗黙知”とは、設計者などが経験やカンに基づいて身につけた知識のことで、言葉による伝達が難しいとされます。こうした“暗黙知”を文章や図表、数式などによって説明・表現できる“形式知”へと転換し、組織的に共有することで、さらなる高度な知識へと変化させる仕組みが、ナレッジマネジメントの考えになります。

共有する内容は、ナレッジマネジメントのシステムを利用する目的などによって、適切な情報の収集を行う必要があります。製品の品質向上を目的とする場合は、過去の不具合、失敗事例を丁寧に収集し、形式知化することが有効だと思われます。いずれの場合にも、ナレッジマネジメントを構築する代表的なプロセスとして知られる「SECIモデル」（**表5-6-2**）を適用しながら、システム構築することが有効です。

表5-6-2 「SECIモデル」の知識創造プロセス

共同化 (Socialization)	個々人の暗黙知を、共通体験を通じて互いに共感しあう
表出化 (Externalization)	共通の暗黙知から明示的な言葉や図で表現された形式知としてのコンセプトを創造
連結化 (Combination)	既存の形式知と新しい形式知を組み合わせて体系的な形式知を創造
内面化 (Internalization)	体系的な形式知を実際に体験することで身につけ、暗黙知として体系化

・AI、IoTの活用

近年のAI、IoTの発展により、ナレッジの構築やPDCAサイクルの運用においても、これらの技術をうまく活用する必要性が出てきています。

例えば、製品の検査工程において、機械学習を用いた画像処理によって検査を実施することは、人による検査と比べて、早く正確に実施できる場合があります。学習したモデルの中身を解明することは現実的ではありませんが、学習したモデルはナレッジとして他の検査に活用することが可能です。

また、不具合が発生したときの状況を、詳細なトレーサビリティデータとしてビックデータに保存することで、不具合が発生する要因や傾向を分析することが可能になります。品質不良が発生する兆候がわかれば、早期にその要因となる工程の状況をチェックし、不具合が発生する要因を取り除くことができます。IoT技術を活用することによって、人の手を介さずに兆候分析から対策までを実施するシステムを構築することが可能となります。

(3) ロバスト設計への取り組み

製品の新規設計を行う場合、要求される性能と品質、コストなどの諸条件をすべて満たす必要がありますが、それらは相反関係にあることが多いのではないでしょうか？サイズや重量なども含めたあらゆる要求性能と、ばらつきなどを考慮した維持すべき品質とのバランスを取りながら、それぞれの要求を満たすことが設計者の腕の見せ所といえます。しかしながら、新規設計開発の現場では求められる要求性能が厳しいほど、評価試験での性能達成の活動に注力し、品質の維持は製造現場や調達部門、品質管理部門に一任する傾向があります。その結果、市場への不具合流出の処理に多くの工数と費用が生じてしまう場合があります。

品質工学（タグチメソッド）の手法を取り入れたロバスト設計では、製品の製造ばらつきや使用環境に対して、影響を受けにくい頑健（ロバスト）な設計を行うことを目的としています。ここでいうロバストとは、単に丈夫につくるという意味ではなく、限られた設計条件の中で最高の安定性を達成することになります。

ロバスト設計の手法を習得し設計に活かすことで、多少想定外の使用環境であっても不具合を出しにくい製品の設計が可能となります。しかし、その習得には、個々の製品の性能に影響する設計パラメータの選択と設定が必要となり、簡単ではありません。ここでは、ロバスト設計の概略について述べます。実際の製品設計に適用しながら試行錯誤を繰り返し、開発する製品に合った活用方法を習得していきましょう。

・ロバスト設計によるパラメータ設計の手順

①設計したいシステムの「基本機能」、「制御因子」、「入力信号」、「出力特性（特性値）」、「誤差因子」を定義します（表5-6-2）。

表5-6-2　ロバスト設計におけるパラメータ

基本機能	実現したいシステムの基本となる機能のこと。ある入力信号に対して、得られる出力特性(特性値)がシステムが得たい性能となる。
制御因子	得たい出力特性を得るために設計者が決定できる要素(たとえば形状、材料など)。制御因子のパラメータを設計することでロバスト設計を実現する。
誤差因子	環境などに依存する設計者が決定できない要素。従来のノイズと呼ばれるもの。その性質によって、外乱、内乱、ばらつきなどに分別される。

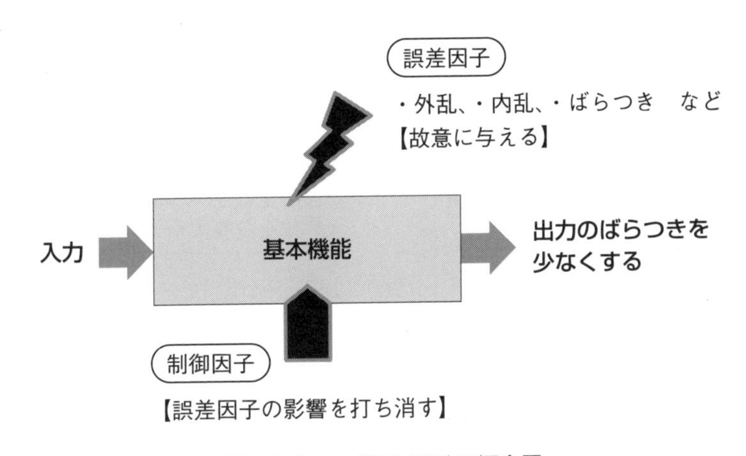

図5-6-3　ロバスト設計の概念図

②実験計画法に用いられる直交表を利用して、制御因子、誤差因子と特性値との関係を導出する実験条件の計画をたて、実験や評価を行います。

③得られた実験データからSN比と感度を示す要因効果図を作成します。そこから、誤差因子に対してロバストな制御因子、特性値に影響を及ぼす制御因子を確認することができます。

④誤差因子に対してロバストな制御因子の中から、特性値を目標値に近づけることができる感度の高い制御因子を選定し、パラメータの最適化を行いながら実設計に反映します（2段階設計法)。

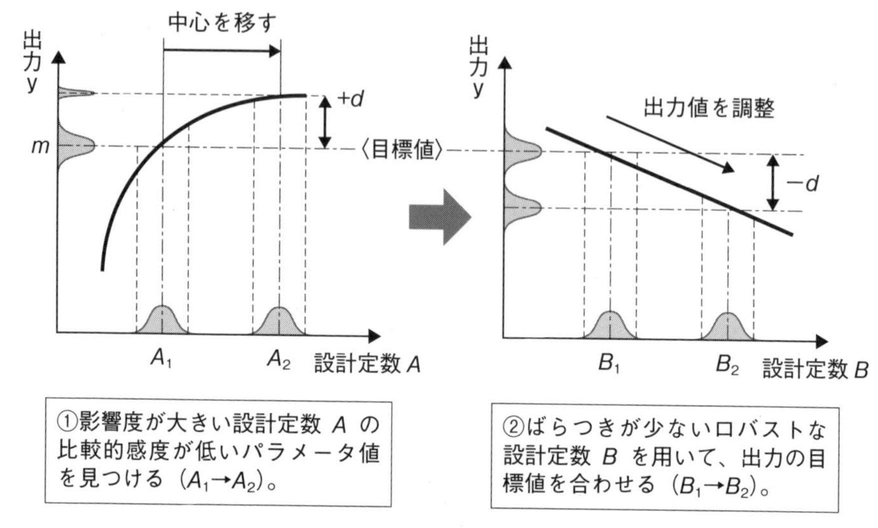

図5-6-4　パラメータ設計の原理（2段階設計法）

ロバスト設計は設計品質の向上には大変有効な手法ですが、その習得は決して簡単ではありません。ここでは簡単に紹介しましたが、専門的な書籍等で、さらに理解を深めることをお勧めします。

おわりに
～不変の技術と進化形の技術の違いを理解しよう～

本書の立ち位置を再確認しましょう。

“不変の技術”の紹介と解説

“進化形の技術”の紹介と解説

技術の世界は“不変の技術”に支えられつつ、高品質化、低コスト化、低エネルギー化、短納期化に寄与する新しい開発手法や管理ツール、製作法などが提案され、かつそれらを進化させて技術の発展を継続しています。

バリューチェーンのグローバル化に伴い、次世代のエンジニアは世界に目を向け、世界を駆けまわりながら製品開発に取り組まざるを得ないことは必至です。

グローバルに展開する競合他社に勝つためには、品質やコストよりも開発のスピード感が求められることになります。

そう、競合他社は国内企業だけではなくなったのです！

本書で紹介、解説したそれぞれのコンテンツは、本書発刊の数年後にはあたり前、つまり陳腐化していると想定されます。

しかし、それらのコンテンツが廃れるという意味ではなく、さらに進化して、使い勝手が良くなり、精度やスピードもさらに向上して、新しいキーワードとして生まれ変わっていることでしょう。

本書の読者の皆様においては、決して不変の技術という教養をおろそかにすることなく、新しいツールや手法などに振り回されずに進化形の技術を使いこなす術（すべ）を身につけ、独創性のあるエンジニアになってほしいと祈っております。

生き方改革…終身雇用の破壊、高寿命化による老後

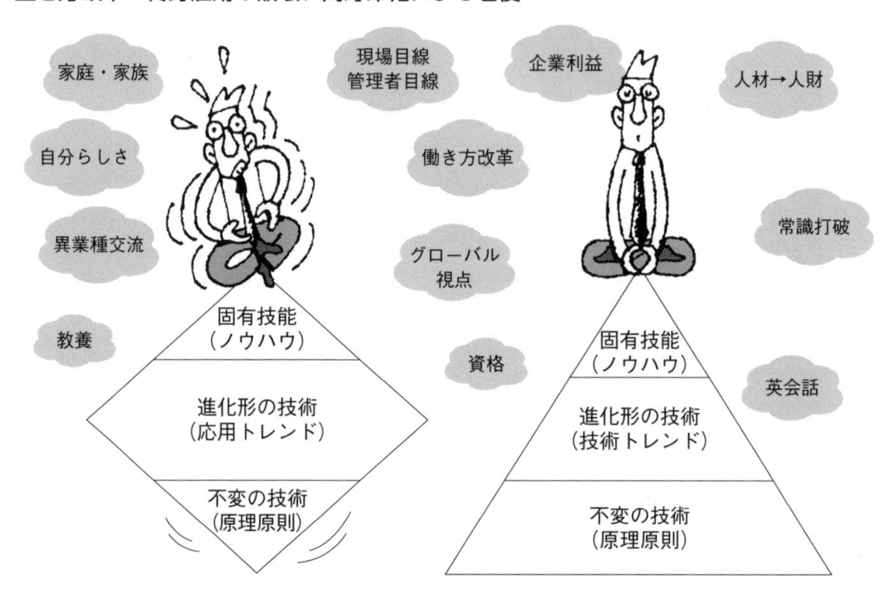

機械エンジニアの要件

決して視野の狭いエンジニアとならず、常に自分自身の技術力を高めるための努力を怠らないようにしてください。

それでは、読者の皆さんがすばらしいエンジニアになるように、魔法をかけてご挨拶に代えさせていただきます。

(`･Д･)ノ=☆ﾄﾘｬ～～ｯ～～Σ◆>＞>･:,｡★ﾟ･:,｡ﾟ･:,｡☆

執筆者一同

<参考図書>

- 新・厚生労働省ホームページ（https://www.mhlw.go.jp/index.html）
- 内閣府ホームページ（https://www.cao.go.jp）
- 内閣府　災害情報のページ　http://www.bousai.go.jp/updates/
- 総務省ホームページ（http://www.soumu.go.jp/index.html）
- 総務省　ICTスキル総合習得教材　3-5：人工知能と機械学習
- 外務省ホームページ　JAPAN SDGs　Action　Platform
  https://www.mofa.go.jp/mofaj/gaiko/oda/sdgs/index.html
- 経済産業省ホームページ　ものづくり白書
  https://www.meti.go.jp/report/whitepaper/index_mono.html
- ロボットシステムインテグレータのスキル読本（経済産業省）
- 産業用ロボット導入ガイドライン（経済産業省　中部経済産業局）
- 中小企業庁ホームページ　中小企業白書　https://www.chusho.meti.go.jp/pamflet/hakusyo/
- 平成25年度　特許出願技術動向調査報告書（概要）3Dプリンター（特許庁）
- 日本技術士会ホームページ　技術士倫理綱領
  https://www.engineer.or.jp/c_topics/000/000025.html
- 一般社団法人　日本溶接協会　溶接情報センター　ホームページ
  (http://www-it.jwes.or.jp/qa/index.js)
- 公益社団法人　日本道路協会（https://www.road.or.jp）
- AI白書2019（独立行政法人情報処理推進機構 AI白書編集委員会）
- NEDO　ロボット白書2014（NEDO）
- 機械工学便覧　β4編（日本機械学会）
- 溶接・接合便覧（溶接学会編）
- 溶接便覧（溶接学会編　改訂3版）
- ロボット活用ナビ　一般社団法人　日本ロボット工業会（http://www.robo-navi.com/）
- 先進的な設計・検証技術の適用事例報告書 2015 年度版（情報処理推進機構）
- 安全の国際規格　第1巻　安全設計の基本概念　向殿政男 監修　宮崎浩一、向殿政男 共著（財団法人日本規格協会）
- CEマーキング対応ガイド新版　梶尾俊幸、渡辺潮　共著（財団法人日本規格協会）
- 最新版　図解でわかるISO9001のすべて　大浜庄司　著（日本実業出版社）・ディープラーニング G検定　公式テキスト　浅川伸一、江間有沙、工藤郁子、巣籠啓介、松井孝之、松尾豊　著 一般社団法人日本ディープラーニング協会　監修　（翔泳社）
- バーチャルエンジニアリング　内田孝尚 著（日刊工業新聞社）
- 社会安全入門　関西大学社会安全学部 著（ミネルヴァ書房）
- 「VR　設計検証事例」（ラティス・テクノロジー社　ホームページ）
- BMWグループ、生産システムにVRとARテクノロジーを導入（Response.20th　ホームページ）
- トヨタ・ホンダ担当者が語る、VR/MR活用による製造業変革　（マイナビニュース　ホームページ）
- VRより実感しやすい　「複合現実」トヨタ、ホンダも活用（日本経済新聞社　ホームページ）
- VR空間で組立性を検証　設計レビュー支援システム（日本経済新聞社　ホームページ）
- VRが自動車業界に急速普及、トヨタはMRでさらなるカイゼン（日経XTECK　ホームページ）
- パナソニック、自動車用のコックピットのHMIを仮想空間で検証するVRシミュレータを開発（日本経済新聞社　ホームページ）
- 日本電産、VRで生産性高い工場設計（日本経済新聞社　ホームページ）

- VR 技術を用いたものづくり基盤技術･技能における暗黙知および身体知の獲得へ　綿貫啓一　人工知能学会誌、22-4 (2007)、480-490.
- 技術者倫理(グローバル社会で活躍するための異文化理解)　秋山仁　他著(実教出版)
- 新･技術者になるということ　ver.9　飯野弘之著(雄松堂書店)
- ビジネスを揺るがす100のリスク　(日経BP社)
- ATOUN株式会社ホームページ (http://atoun.co.jp)
- 株式会社ビザスク株式会社ホームページ (https://visasq.co.jp)
- キユーピー株式会社ホームページ (http://kewpie.com)
- 日経ものづくり　2018年9月号　日経ものづくり編(日経BP社)
- 日経ものづくり　2019年7月号　日経ものづくり編(日経BP社)
- 3Dプリンター革命　水野操著㈱ジャムハウス)
- トコトンやさしい3Dプリンタの本　佐野義幸 著 (日刊工業新聞社)
- トコトンやさしい3Dものづくりの本　柳生浄勲　他著 (日刊工業新聞社)
- 材料別接合技術データハンドブック(サイエンスフォーラム)
- 自動車用途で解説する! 材料接合技術入門　宮本健二 著　(日刊工業新聞社)
- 最強囲碁AIアルファ碁解体新書　大槻知史　著　三宅陽一郎　監修(株式会社　翔泳社)
- はじめてのSonyNNC　柴田良一　著　ソニー(株)／ソニーネットワークコミュニケーションズ(株)監修　(工学社)
- 現場で使える　TensorFlow開発入門　太田満久、須藤広大、黒澤匠雅、小田大輔　著　(翔泳社)
  A Neural Network Playground (http://playground.tensorflow.org)
- 無償3次元CADソフト「Fusion 360」事例 (「CAD/CAM/CAE研究所」ホームページ)　(https://cad-kenkyujo.com/2016/08/24/fusion360_cam/)
- 無償3D CGソフト『Blender』の操作　水野操　執筆(IT Monoist記事)
- SOLIDWORKS社事例　(SOLIDWORKS社ホームページ)
- ADAMS　SCRYU Tetra事例　(MSC社ホームページ)
- JMAG事例　(JSOL社ホームページ)
- 〈塾長秘伝〉有限要素法の学び方!　小寺秀俊監修　NPO法人CAE懇話会関西解析塾テキスト編集グループ著　(日刊工業新聞社)
- 〈解析塾秘伝〉CAEを使いこなすために必要な基礎工学!　岡田浩　著　NPO法人CAE懇話会解析塾テキスト編集グループ　監修　(日刊工業新聞社)
- 設計検討って、どないすんねん!　山田学編著　青山繁男、岡田浩、古賀祥之助、佐野義幸 著(日刊工業新聞社)

索　引

あ行

か行

さ行

た行

な行

は行

ま行

や行

ら行

わ行

英数字

●著者紹介

山田 学

1963年生まれ。兵庫県出身。技術士（機械部門）

(株)ラブノーツ　代表取締役。 機械設計などに関する基礎技術力向上支援のため書籍執筆や企業内研修、セミナー講師などを行っている。

著書に、『図面って、どない描くねん！』『めっちゃメカメカ！基本要素形状の設計』（日刊工業新聞社刊）などがある。

オムロン株式会社　岡田 浩

1965年生まれ。福岡県出身。技術士（機械部門）

1991年にオムロン株式会社に入社。金属・樹脂材料の加工の影響を考慮した強度・疲労寿命評価と改善、電子機器の放熱対策、新生産工法の開発に取り組むとともに、構造・熱・樹脂流動CAEの教育・推進に従事した。現在は、「AIを用いたCAE技術革新と設計上流での活用に関する研究」に従事している。

社外では、NPO法人CAE懇話会の関西支部幹事などで、CAEの製造業への推進活動にも携わっている。

著書に、『解析塾秘伝　CAEを使いこなすために必要な基礎工学！』『塾長秘伝　有限要素法の学び方！（共著）』（日刊工業新聞社刊）などがある。

横田川 昌浩

1968年生まれ。静岡県出身。技術士（機械部門）

メーカー勤務。公益社団法人日本技術士会会員。

著書に、『トコトンやさしい機械設計の本』『技術士第二次試験「機械部門」完全対策＆キーワード100』Net-P.E.Jp編著（日刊工業新聞社刊）などがある。

藤田 政利

1971年生まれ。愛知県出身。技術士（機械部門）

メーカー勤務。産業用ロボットの研究・開発に従事。

専門は機械力学、高速位置決め制御技術、構造解析技術など。

著書に、『トコトンやさしい機械材料の本』（日刊工業新聞社刊）などがある。

株式会社フジクラ　山岸 裕幸

1975年生まれ。技術士（機械・総合技術監理部門）、APEC Engineer（Mechanical）

工場建設に関わる建物や空調などのプラント設計を経験後、金型設計や自動組立装置の設計を通して生産技術と製品設計に従事し、現在は、総合研究所にてレーザを駆使したプロセス研究と、微細電子部品の開発を担当している。海外の生産拠点における量産立ち上げの経験も豊富。

宮本 健二

大阪大学大学院工学研究科博士課程修了、博士（工学）。

大手自動車会社の総合研究所にて先進技術（車体の軽量化、異種材料接合、低温接合など）に関する研究開発に従事。

専門は機械工学、材料力学、マテリアル生産科学。

著書に、『自動車用途で解説する！材料接合技術入門』（日刊工業新聞社刊）がある。

設計検討って、どないすんねん！ STEP2

設計環境の変化に合わせて最新の手法を活用した仮説検証型設計　NDC 531.9

2020年1月28日　初版1刷発行

監著者　山田 学、岡田 浩
著　者　横田川 昌浩、藤田 政利、山岸 裕幸、宮本 健二

発行者　井水 治博
発行所　日刊工業新聞社
東京都中央区日本橋小網町14番1号
（郵便番号103-8548）
書籍編集部　電話03-5644-7490
販売・管理部　電話03-5644-7410
FAX03-5644-7400
URL　http://pub.nikkan.co.jp/
e-mail　info@media.nikkan.co.jp
振替口座 00190-2-186076
本文デザイン・DTP――志岐デザイン事務所（矢野貴文）
本文イラスト――小島サエキチ
印刷――新日本印刷

定価はカバーに表示してあります
落丁・乱丁本はお取り替えいたします。
2020 Printed in Japan
ISBN 978-4-526-08028-9　C3053